VERKEHRSGESCHICHTE

Die Halle-Kasseler Eisenbahn

VERKEHRSGESCHICHTE

Paul Lauerwald

Die Halle-Kasseler Eisenbahn

Geschichte, Gegenwart und Zukunft eines Schienenweges

transpress

Titelbild: Sonderzug zur Streckeneröffnung Arensshausen–Eichenberg am 26. Mai 1990
Foto: Hans-Dieter Herz

Lauerwald, Paul:
Die Halle-Kasseler
Eisenbahn. Geschichte,
Gegenwart und Zukunft
eines Schienenweges. –
1. Aufl.
Berlin: Transpress, 1993. –
160 S.: 161 Abb., 1 Tab.

ISBN 3-344-70788-4

Lektor: Dr. Rolf Neustädt
Einband: Jürgen Schumann
Gestaltung: Regine Bach
Printed in Germany
Satz: Satzstudio MediaSoft, Berlin
Druck: Rung-Druck, Göppingen
Bindung: Wilhelm Nething, Weilheim

Inhaltsverzeichnis

1 Einleitung

Die Geschichte der mehr als 120 Jahre alten Eisenbahnstrecke zwischen den Knotenpunkten Halle (Saale) und Kassel ist in vielfacher Hinsicht hochinteressant. Denn in ihr spiegeln sich exemplarisch 125 Jahre deutscher Geschichte wieder. Die Planungsphase und die erste Bauphase fielen in die Zeit der Neuordnung Deutschlands unter preußischer Vorherrschaft, deren Weichen im Deutschen Krieg 1866 zugunsten einer kleindeutschen Lösung unter Ausschluß Österreichs gestellt wurden. Die Annektion Kurhessens durch Preußen im Gefolge dieses Krieges führte zu einer Korrektur der Linienführung der Bahnstrecke im kurhessischen Bereich. Statt der baulich aufwendigen und einen Umweg darstellenden Linienführung über Großalmerode entschied man sich für die kürzeste Verbindung zwischen Arenshausen und Kassel.

Der die Reichseinigung abschließende Deutsch-Französische Krieg 1870/71 nahm ebenfalls Einfluß auf die Geschicke unserer Strecke. Er schuf die Bedingungen, die 1876 zur Verstaatlichung der Eisenbahnstrecke im Zusammenhang mit dem „Kanonenbahn"-Konzept führten.

Einen besonderen Einschnitt bedeuteten das Jahr 1945 und die Nachkriegsentwicklung, als die Eisenbahnstrecke Halle–Kassel – wie es schien für immer – in zwei nicht mehr miteinander verbundene und unterschiedlichen Eisenbahnverwaltungen zugeordnete Teilstrecken getrennt wurde.

Die friedliche Revolution in der DDR im Herbst des Jahres 1989 machte das längst unmöglich Geglaubte wahr: Die Streckenunterbrechung konnte überwunden werden. Die Strecke Halle–Kassel wurde als erste der nach 1945 unterbrochenen Eisenbahnlinien zwischen Ost und West wieder durchgängig befahrbar hergerichtet und am 27. Mai 1990 für den fahrplanmäßigen Verkehr eröffnet. Dieser erste sogenannte Eisenbahnlückenschluß hat die Strecke zu ihrer ursprünglichen Bedeutung zurückfinden lassen.

Die Wende 1989 und der am 3. Oktober 1990 vollzogene Beitritt der DDR zur Bundesrepublik Deutschland machten auch dieses Buch erst möglich. Hervorgegangen ist es aus einer kleinen Broschüre zur Geschichte eines Teilstücks, des Strekkenabschnitts Nordhausen–Arenshausen. Dafür gestalteten sich die Recherchen schon schwierig. Der Großteil der Gesamtstrecke, der Abschnitt Blankenheim Trennungsbf bis Kassel, gehörte bis 1945 zur Reichsbahndirektion Kassel. Da ein Austausch der Archivalien zwischen den beiden Direktionen Kassel und Erfurt nach 1945 wegen der politischen Situation unterblieb, wäre eine Geschichte der Gesamtstrecke vor der Wende nicht zu schreiben gewesen. Daß sie nun möglich wurde, ist der Unterstützung vieler zu danken. Denn die Quellenlage ist, auch nachdem nun die Archive in ganz Deutschland zugänglich sind, nach wie vor unbefriedigend. Es liegt eine Vielzahl von Archivalien zum Grunderwerb, zur Vorbereitung und zum Bau der Strecke in den Archiven vor.

Die den Leser aber hauptsächlich interessieren den Fakten zur inneren Entwicklung des Eisenbahnwesens, zu Ergebnissen im Personen-, Gepäck-, Expreßgut- und Güterverkehr, zum Lokomotiv- und Wageneinsatz, zum Ausbau des Bahnhofs- und Haltestellennetzes, zu bau- und sicherungstechnischen Details sowie zu betriebsdienstlichen Besonderheiten sind in den Archiven fast nicht überliefert. Die Bestände der ehemaligen Reichsbahndirektion Kassel, der der Großteil der Strecke bis 1945 zugehörig war, sind durch die Kriegsereignisse dezimiert worden. Weitere Materialien sind nach Aussagen von Eisenbahnern mit der Auflösung der Bundesbahndirektion Kassel im Jahre 1974 der Vernichtung anheimgefallen.

Das Archiv der Reichsbahndirektion Erfurt, der der Abschnitt Blankenheim Trennungsbf–Arenshausen seit 1945 zugeordnet ist, enthält keinerlei Materialien zur Geschichte dieser Strecke. Das im laufenden Geschäftsverkehr der Dienststellen und des Reichsbahnamts Nordhausen angefallene Schriftgut ist ebenfalls nicht planmäßig archiviert und größtenteils makuliert worden. So mußte das Material für dieses Buch mühsam und mit der Unterstützung vieler zusammengetragen werden. Insbesondere haben den Autor bei der Materialsammlung unterstützt das Hessische Staatsarchiv Marburg, in das die Restbestände des Archivs der ehemaligen Bundesbahndirektion Kassel eingegangen sind, das Archiv der Reichsbahndirektion Halle, die Bildstelle der gleichen Direktion, Bücherei und Lichtbildstelle der Bundesbahndirektion Frankfurt am Main sowie die Leitung des Bahnhofs Kassel Hbf. Zu danken habe ich auch vielen Eisenbahnfreunden und Heimathistorikern, die durch die Bereitstellung von Material und Bildern oder durch Auskünfte zum Gelingen das Buches beitrugen.

Trotzdem ließen sich Lücken nicht vermeiden. Ergänzungen und Berichtigungen werden deshalb vom Autor jederzeit gern entgegengenommen.

Soweit aus Archivalien und zeitgenössischen Publikationen zitiert wurde, sind diese Zitate der heutigen Rechtschreibung angepaßt. Ortsnamen wurden jedoch in der jeweiligen Schreibweise belassen.

Paul Lauerwald

2

Strecken-beschreibung

Ausgangspunkt der Bahnlinie Halle–Kassel ist die an der Saale gelegene Stadt Halle (240 000 Einwohner). Sie ist ein bedeutendes Industriezentrum des mitteldeutschen Raumes.

Halle ist Sitz der 1694 gegründeten Academia Friedericiana Halensis, der mittlerweile mit der Universität Wittenberg vereinigten Martin-Luther-Universität Halle-Wittenberg. Die Stadt ist Geburtsort des großen Musikers Georg Friedrich Händel (1685 bis 1759) und seit 1952 Veranstaltungsort der zu seinen Ehren jährlich stattfindenden Händel-Festspiele. Bedeutung besitzen weiterhin die Hochschule für industrielle Formgebung Giebichenstein, die Franckeschen Stiftungen und die Deutsche Akademie der Naturforscher, die Leopoldina.

Die Stadt ist Sitz der Reichsbahndirektion Halle und zugleich ein bedeutender Eisenbahnknotenpunkt in Mitteldeutschland. Halles Bahnanlagen bilden eine wichtige Drehscheibe im Eisenbahnreise- und -güterverkehr.

Die nach Kassel führende Strecke verläßt den Bahnhof Halle (Saale) Hbf in südlicher Richtung, um die Südstadt zu umfahren und durch städtische Neubaugebiete Halle westwärts zu verlassen. In km 8,8 quert die Strecke die Saale über ein beachtliches Brückenbauwerk. Die Saalebrücke ist mit ihrer Höhe von 84,5 m über NN zugleich der tiefste Punkt der Gesamtstrecke.

Rechts der Strecke erkennen wir die 1964 aus dem Boden gestampfte Satellitenstadt Halle-Neustadt, heute Teil der Stadt Halle, mit ihren riesigen Neubaublocks für rund 100 000 Einwohner. Bevor Angersdorf erreicht wird, zweigt links die S-Bahn-Strecke nach Halle-Dölau ab. Kurz darauf wird die Schnellbahntrasse zwischen dem Neubaugebiet und den Industriegebieten von Schkopau und Merseburg überquert.

Der Bahnhof Angersdorf ist der Ausgangspunkt für die Bedienung des Tarifpunkts Holleben Süd

Empfangsgebäude und Bahnhofsvorplatz des Hauptbahnhofs in Halle (Salle) im Jahre 1992
Foto: Junker

Die Bahnsteige 1 bis 6 des Hauptbahnhofs in Halle (Saale)
Foto: Junker

HAUPTBAHNHOF

Bahnhof Angersdorf (1992)
Foto: Junker

an der ehemals bis nach Bad Lauchstädt führenden Eisenbahnstrecke.
Es folgen Zscherben, Teutschenthal Ost und der der Bahnhof Teutschenthal. Entlang der Strecke von Angersdorf bis Teutschenthal und insbesondere am Bahnhof Teutschenthal erkennen wir deutliche Spuren des Kalibergbaues. Von Teutschenthal geht der Streckenrangierbezirk nach Bennstedt ab, das verbliebene Reststück der ehemals nach Salzmünde führenden Stichbahn.
Dann kommen Wansleben am See und der erst 1957 eröffnete Haltepunkt Amsdorf. Zwischen diesen beiden Haltepunkten erkennen wir linkerhand nahe der Straße einen Braunkohlentagebau, der besonders paraffinreiche Kohle liefert. Das nördlich der Bahnlinie verlaufende Gelände nahm der ehemalige Salzige See ein, der 1892/94 wegen der von ihm ausgehenden Gefährdung des Mansfelder Kupferschieferbergbaus trockengelegt werden mußte.
In Röblingen a. See zweigt südwärts die Strecke nach Querfurt ab, die sich dort in die Nebenbahnen nach Vitzenburg und Merseburg teilt. Nördlich von Röblingen erstreckt sich der Süße See, an dem in Seeburg das spätgotische Wohnschloß der Grafen von Mansfeld, heute als Jugendherberge genutzt, liegt. Es folgen Erdeborn und Helfta. Ab hier sind entlang der Strecke überall Spuren mittelalterlichen Kupferschieferbergbaues erkennbar. In Helfta finden sich noch wenige Spuren eines im Mittelalter bedeutsamen Zisterziensernonnenklosters.
Eisleben ist der Geburts- und Sterbeort des Reformators Martin Luther und der Hauptort des einst bedeutsamen Mansfelder Kupferschieferbergbaues. Der Bahnhof Lutherstadt Eisleben liegt am südöstlichen Stadtrand. Eisleben ist eine der ältesten Städte zwischen Harz und Elbe. In der Stadt befinden sich bedeutende Baudenkmäler wie das spätgotische Rathaus, die mittelalterliche Andreaskirche und die Stadtschlösser der Mansfelder Grafen aus der Renaissance und dem Barock. Auch das Geburtshaus und das Sterbehaus des Reformators sind erhalten.
Hinter Eisleben werden die Spuren des Bergbaues immer häufiger. Schlackenhalden und Pingen kennzeichnen die Landschaft, die die Strecke bis Wolferode durchquert. Auf dem Wege nach Wolferode ist die erhalten gebliebene romanische Klosterkirche von Wimmelburg, die Kirche des bis in das Jahr 1038 zurückreichenden Benediktinerklosters, das 1526 säkularisiert wurde, von baugeschichtlichem Interesse.
In km 45,8 wird die Grenze zwischen den beiden Reichsbahndirektionen Halle und Erfurt erreicht, kurz danach der Betriebsbahnhof Blankenheim Trennungsbahnhof. Hier mündet die als Ka-

Das Bahnhofsgebäude in Angersdorf von der Straßenseite (1992)
Foto: Junker

Bahnhof Teutschenthal (Straßenseite, 1992)
Foto: Junker

Bahnhof Röblingen a. See von der Gleisseite
Foto: Junker

Die Bahnhöfe und Haltepunkte der Strecke Halle–Kassel mit ihren Entfernungen und Höhen über NN

Bahnhof bzw. Haltepunkt	km	Höhe über NN in m
Halle (Saale) Hbf	0	105,7
Angersdorf	9,9	89,2
Zscherben	12,7	110,2
Teutschenthal Ost	15,9	112,6
Teutschenthal	18,3	104,7
Wansleben	21,1	100,9
Amsdorf	23,1	94,4
Röblingen a. See	26,8	97,1
Erdeborn	29,2	110,3
Helfta	34,6	150,1
Lutherstadt Eisleben	37,9	170,8
Wolferode	41,7	201,7
Blankenheim Trennungsbahnhof	46,5	259,6
Blankenheim	48,6	258,7
Riestedt	52,6	218,1
Sangerhausen	59,4	158,3
Wallhausen	65,9	147,0
Bennungen	71,6	152,0
Roßla	75,6	153,0
Berga-Kelbra	79,9	157,4
Görsbach	84,4	159,9
Heringen	89,6	165,6
Nordhausen	97,1	182,9
Werther	102,0	202,3
Wolkramshausen	105,5	227,7
Nohra	108,9	216,8
Wippersdorf	111,7	220,4
Bleicherode Ost	115,6	226,2
Gebra (Hainleite)	119,1	236,0
Sollstedt	124,1	261,3
Bernterode	127,8	266,0
Niederorschel	133,1	293,9
Hausen	135,8	314,3
Leinefelde	139,6	339,7
Beuren	143,4	323,2
Wingerode	146,6	305,0
Bodenrode	148,8	295,0
Heiligenstadt (Eichsfeld)	155,3	249,1
Uder	160,0	227,6
Arenshausen	167,2	210,0
Eichenberg	170,7	231,2
Witzenhausen Nord	175,9	184,1
Gertenbach	181,4	147,0
Hedemünden	185,2	141,5
Hann. Münden	193,6	140,1
Speele	203,0	149,9
Niedervellmar	212,6	
Kassel Hbf	217,8	182,9

nonenbahn bekannte, von Berlin über Wiesenburg kommende Eisenbahnstrecke über ein Kreuzungsbauwerk in die Strecke Halle–Kassel ein. Unmittelbar an den Bahnhof schließt sich der 875 m lange Blankenheimer Tunnel, der sich in einer Höhe von 261,5 m über NN befindet, an. Er bildet den höchsten Punkt des östlichen Streckenteils. Zwischen Eisleben und Sangerhausen müssen in beiden Richtungen zum Blankenheimer Tunnel erhebliche Steigungen überwunden werden. Von Lutherstadt Eisleben bis Blankenheim Trennungsbahnhof sind auf 8,6 km 51,8 m, von Sangerhausen bis zum Bahnhof Blankenheim (Kr. Sangerhausen) am anderen Ende des Tunnels auf 10,8 km gar 100,4 m Höhenunterschied zu überwinden. Schwere Güterzüge mußten auf der Blankenheimer Rampe von beiden Seiten nachgeschoben werden.
Der Schiebedienst war eine wichtige Aufgabe der beiden diesseits und jenseits des Blankenheimer Tunnels liegenden Bahnbetriebswerke Röblingen a. See und Sangerhausen. Dabei wurde von Sangerhausen zum größten Teil ungekuppelt nachgeschoben.
Auf der westlichen Seite des Tunnels befindet sich der Bahnhof Blankenheim (Kr. Sangerhausen). Dann folgt der Bahnhof Riestedt. Von dem seinerzeitigen Kohleabbau, der zur Streckenführung über Riestedt Veranlassung gab, sind keine Spuren mehr erkennbar. Südlich des Bahnhofs, hinter

**Bahnhof Röblingen a. See von der Straßenseite (1992)
Foto: Junker**

Bahnhof Lutherstadt Eisleben von der Gleisseite

**...und von der Straßenseite (1992)
Fotos: Junker**

Der östliche Eingang des Blankenheimer Tunnels (1992)
Foto: Lauerwald

... und der westliche Eingang (1992)
Fotos: Junker

einem Höhenrücken, liegt Beyernaumburg. Hier finden wir noch Reste einer romanischen Burganlage sowie zwei Schloßanlagen.
In km 59,4 wird die 1991 1000 Jahre alt gewordene Stadt Sangerhausen erreicht. Nördlich des Bahnhofs macht eine große Abraumhalde aufmerksam, daß hier bis in die allerjüngste Vergangenheit der Kupferschieferbergbau dominierender Wirtschaftszweig war. In der Stadt zeugt noch eine Anzahl von Baudenkmälern, so die romanische Ulrichskirche, die gotische Pfarrkirche am Markt, das Rathaus, das „Alte Schloß" und das „Neue Schloß", zwei schöne Renaissancebauten, von der einstigen Bedeutung der heutigen Kreisstadt. Der Bahnhof erhielt 1963 anstelle des 1945 zerstörten ein neues Empfangsgebäude. In seiner unmittelbaren Nähe nimmt der seinerzeit erste Museumsneubau der DDR das Heimatmuseum mit seinen umfangreichen vorgeschichtlichen und stadtgeschichtlichen sowie bergbauhistorischen Sammlungen auf. Ein komplettes Saurierskelett bildet einen Anziehungspunkt des Museums. Weithin bekannt ist das Rosarium mit seinen über 6 000 Rosenarten. Ein Bergbaumuseum auf der Schachtanlage Wettelrode, erst in jüngster Zeit eröffnet, bietet einen Einblick in die Bergbaugeschichte dieser Gegend.
Von Sangerhausen zweigt südlich die Strecke nach Erfurt ab, eine Hauptstrecke, die ebenfalls für den zweigleisigen Ausbau und die Elektrifizierung vorgesehen ist.
Als nächstes folgt der Bahnhof Wallhausen. Von hier aus sind das Kyffhäusergebirge, das 1891/96 errichtete Kyffhäuserdenkmal, die Ruinen der Ober- und Unterburg Kyffhausen und der 94 m hohe Richtfunkturm auf dem Kulpenberg deutlich zu sehen. Dieses Panorama begleitet uns bis kurz vor Heringen. Wallhausen hat ebenfalls eine interessante Geschichte. Es war zeitweilig eine bedeutsame Kaiserpfalz, in der wahrscheinlich Kaiser Otto I. geboren wurde. Eine weitere Kaiserpfalz am Kyffhäuser finden wir in Tilleda, das von Roßla oder Berga-Kelbra erreichbar ist.
Nach weiteren knapp 6 km wird der Haltepunkt Bennungen erreicht. Von hier aus gelangen wir in das nördlich gelegene hochinteressante Gipskarstgebiet des südlichen Harzrandes mit Questenberg und seinem Roland, der Queste sowie der Questenburg.
Der nächste Bahnhof ist Roßla, das bis 1918 Hauptort der Grafschaft Stolberg-Roßla war, die 1893 gefürstet wurde.

Bahnhofsgebäude mit Hausbahnsteig und Zwischenbahnsteig in Riestedt (1992)
Fotos: Junker

Das nach seiner Zerstörung im zweiten Weltkrieg neu gebaute Empfangsgebäude des Bahnhofs Sangerhausen (1992)

Görsbach
GÖRSBACH

Der Haltepunkt Bennungen im Frühjahr 1991
Foto: Junker

Der Haltepunkt Görsbach (1991)
Foto: Junker

In Berga-Kelbra zweigt die Stichbahn nach Stolberg/Harz ab. Diese Stadt besitzt einen herrlichen mittelalterlichen Stadtkern und wird von dem Schloß der Grafen und späteren Fürsten von Stolberg-Stolberg bekrönt. Stolberg ist Geburtsort des Bauernführers Thomas Müntzer. Die im Tal der Thyra verlaufende Stichbahn erreicht vorher Uftrungen. Von hier ist es nicht weit zu der Heimkehle, einer Gipskarsthöhle. Diese Höhle ist zugleich Gipskarstmuseum und Gedenkstätte an die Opfer nationalsozialistischer Gewaltherrschaft. Denn hier mußten unter unmenschlichen Bedingungen Häftlinge des KZ Buchenwald in unterirdischen Rüstungsbetrieben schuften. Südlich des Bahnhofs Berga-Kelbra liegen am Fuße des Kyffhäusers das Städtchen Kelbra und der dort angelegte Helmestau, der Stausee Kelbra. Er ist Anziehungspunkt für Wassersportler aller Art, aber auch ein Vogelparadies.
Von Berga-Kelbra aus erreichen wir Görsbach und dann den Bahnhof Heringen (Helme). Heringen, eine Kleinstadt im Kreis Nordhausen, besitzt noch Reste der ehemaligen Stadtbefestigung und die Renaissance- und Barockbauten des „Alten Schlosses" und des „Neuen Schlosses".
Nach kurzer Fahrt wird der Bahnhof Nordhausen erreicht. Die Stadt Nordhausen ist ein bedeutendes Industrie-, Verwaltungs- und Schulzentrum im Nordthüringer Raum und mit 48 000 Einwohnern zugleich der größte Ort der Region. Von hier aus zweigt die Eisenbahnstrecke nach Northeim ab, und hier beginnen und enden Züge in Richtung Erfurt, Bischofferode, Bretleben–Artern sowie Güterzüge in Richtung Ebeleben–Menteroda.
Die Stadt, urkundlich 927 erstmalig erwähnt, war von 1220 bis 1802 Freie Reichssstadt. Am 3. und 4. April 1945 durch britische Bombenangriffe zu 75 % zerstört, bietet die Stadt trotzdem noch manch Sehenswertes. Das Renaissance-Rat-

Die alte, emaillierte Abfahrtstafel in Roßla im Frühjahr 1992
Foto: Junker

haus mit dem hölzernen Roland von 1717, Teile der mittelalterlichen Stadtbefestigung, der spätgotische Dom, die Reste der romanischen Frauenbergskirche und manches andere wären zu erwähnen. Dazu kommt, daß Nordhausen Ausgangspunkt der Harzquer- und Brockenbahn ist, des größten noch existierenden zusammenhängenden Schmalspurbahnnetzes Deutschlands. In

Wandmosaik im Warteraum von Görsbach (1991)
Foto: Junker

unmittelbarer Nähe der Stadt, am Kohnstein, befindet sich die Gedenkstätte Mittelbau-Dora. Sie erinnert an die unsäglichen Leiden, die KZ-Häftlinge beim Bau der unterirdischen Fertigungsstätten und der Produktion der sog. V-Waffen in den Kriegsjahren 1943 bis 1945 erleiden mußten.
Als nächstes folgt der Haltepunkt Werther, danach der Bahnhof Wolkramshausen, wo die Strecke nach Erfurt abzweigt.
Nohra, Wipperdorf und der Bahnhof Bleicherode Ost sind die nächsten Halte der ab Wolkramshausen bis hinter Bernterode im Tal der Wipper verlaufenden Eisenbahnstrecke. In Bleicherode Ost verläßt die bis Bischofferode (Eichsfeld) verkürzte ehemalige Verbindungsbahn nach Herzberg die Halle–Kasseler Strecke. Bleicherode liegt etwa 3 km nordwestlich des Bahnhofs. Das an die Bleicheröder Berge angeschmiegte Städtchen bietet Sehenswertes, so das Rathaus und die spätbarocke Stofftapetenausstattung des Waldhauses „Japan". Bleicherode war bis in die allerjüngste Zeit ein Zentrum des Kalibergbaues, der nun nahezu vollständig seine Südharzer Standorte verloren hat. Von den ehemaligen Schachtanlagen in Bernterode und Gebra, die

Anrufschranke bei Heringen (1991)
Foto: Junker

Die Helmebrücke zwischen Görsbach und Heringen im Frühjahr 1991
Foto: Junker

Ein Personenzug verläßt den Bahnhof Heringen (Helme) in Richtung Sangerhausen
Foto: Junker

Das Empfangsgebäude des Bahnhofs Leinefelde von der Straßenseite (1991)
Foto: Junker

Eine kleine Drehscheibe vor dem Empfangsgebäude Leinefelde für die Gleise der ehemaligen Thüringer Eisenbahn (1991)
Foto: Junker

schon seit langem geschlossen sind, und den bis in die jüngste Zeit tätigen Kalischächten Sollstedt, Bleicherode und Bischofferode bleibt nur der letztgenannte in Tätigkeit.
In Gebra (Hainleite) befindet sich der nächste Bahnhof. Hier engen links die Hainleite bis kurz vor Bernterode und rechts die Bleicheröder Berge das Wippertal ein. Oberhalb Gebras erkennen wir auf der Hainleite die Burg Lohra, sehenswert insbesondere durch ihre romanische Doppelkapelle. Die Bahnhöfe Sollstedt und Bernterode folgen. Zwischen Sollstedt und Bernterode durchfährt die Eisenbahn die Engstelle des Wippertals, die Eichsfelder Pforte, wo links die Hainleite durch den Dün und rechter Hand die Ausläufer der Bleicheröder Berge durch die Ausläufer des Ohmgebirges abgelöst werden.
In Bernterode zweigt die kurze Stichbahn zum Zementwerk Deuna ab. Rechterhand ist der Bahndamm der ehemaligen Kalianschlußbahn zu erkennen. In dem Kaliwerk waren 1945 für kurze Zeit die sterblichen Überreste der preußischen Könige Friedrich Wilhelm I. und Friedrich II. sowie des Generalfeldmarschalls von Hindenburg untergebracht.
Dem Bahnhof Niederorschel folgen der Haltepunkt Hausen und der Bahnhof Leinefelde. Dieser Bahnhof ist Ausgangspunkt der Strecken nach Geismar (seit 1. Januar 1993 bis Küllstedt verkürzt), Gotha und Teistungen. Er ist mit einer Höhe von 339,7 m über NN der höchste Punkt der Strecke.
1969 erhielt Leinefelde Stadtrecht, da es zum Wohnzentrum für die Beschäftigten des Zementwerks Deuna und der Baumwollspinnerei Leinefelde wurde.
Von Leinefelde aus folgt die Strecke der Leine bis zu dem letzten Bahnhof auf thüringischem Gebiet, dem Bahnhof Arenshausen. Links begleitet uns bis Heiligenstadt der Dün, auf dem bei Beuren die Burg Scharfenstein erkennbar ist.
Beuren, Wingerode und Bodenrode sind Haltepunkte zwischen Leinefelde und Heiligenstadt. Heiligenstadt war bis 1802 Hauptstadt des kurmainzischen Fürstentums Eichsfeld. Die Stadt besitzt in ihren Mauern eine Vielzahl von Baudenkmälern, so drei gotische Kirchen, die Barockbauten des kurmainzischen Schlosses (heute Kreisverwaltung), das ehemalige Jesuitenkolleg (Museum) und das Waisenhaus (Krankenhaus). Dazu kommen die Stadtbefestigung sowie schöne alte Fachwerkbauten wie das Mainzer Haus, das zur Erinnerung an Theodor Storms Aufenthalt in Heiligenstadt ein Memorialmuseum beherbergt. Heiligenstadt ist auch Geburtsort des berühmten Bildschnitzers Tilman Riemenschneider.

Das Empfangsgebäude des Bahnhofs Heiligenstadt (Eichsfeld) von der Gleisseite

...und von der Straßenseite (1991)
Fotos: Junker

Das Empfangsgebäude des Bahnhofs Arenshausen (1991)
Foto: Junker

Im Dienstraum des Containerstellwerks in Arenshausen (1991)
Foto: Junker

Nach dem Bahnhof Uder ist der Bahnhof Arenshausen erreicht.
Zwischen Arenshausen und Eichenberg, beim Ort Hohengandern, überwindet die Strecke die Wasserscheide zwischen Leine und Werra. In km 169,23 verläuft hier auch die Grenze zwischen den Ländern Thüringen und Hessen, die zugleich die Grenze zwischen den beiden Bahnverwaltungen DR und DB und deren Direktionen Erfurt und Hannover ist.
Der Bahnhof Eichenberg ist Kreuzungsbahnhof der Ost-West-Strecke Halle–Kassel mit der Nord-Süd-Strecke Göttingen–Bebra. Von hier aus führt die Strecke in südwestlicher Richtung nach Witzenhausen Nord. Die Überleitstelle Eschenwiesen bietet die Möglichkeit, die Strecke Göttingen–Bebra niveaufrei zu kreuzen. In km 172,0 verläuft die Grenze zwischen den beiden Bundesbahndirektionen Hannover und Frankfurt am Main. Der Bahnhof Witzenhausen Nord liegt nördlich der Stadt Witzenhausen, die mit knapp 18 000 Einwohnern (einschließlich der Ortsteile) die zweitgrößte Stadt des Werra-Meißner-Kreises ist.
Sehenswert ist die gepflegte Altstadt mit dem Renaissance-Rathaus und den schönen Fachwerkbauten. Witzenhausen ist Sitz der Fachbereiche Internationale Agrarwirtschaft und Landwirtschaft

Das Empfangsgebäude in Eichenberg, rechts das Gleisbildstellwerk (1991)

Eichenberg: der neue Bahnsteig für die Züge aus und nach Halle (1992)

Fotos: Junker

DB

GERTENBACH
GERTENBACH
181
4
F

Die Gertenbacher kämpfen um ihren Haltepunkt (1991)
Foto: Junker

linke Seite:
Das Empfangsgebäude des Bahnhofs Witzenhausen Nord (1991)
Foto: Junker

Der Haltepunkt Gertenbach (1991)
Foto: Junker

Der Bahnhof Hedemünden (1991)
Foto: Junker

Unweit der Autobahn- und der Schnellfahrstreckenbrücke: Reste der Bahnsteigkante des ehemaligen Haltepunktes Laubach (1991) Foto: Junker

der Gesamthochschule Kassel. Die Stadt ist weithin bekannt als Kirschenstadt.

Es folgen der Haltepunkt Gertenbach, der Bahnhof Hedemünden und der Bahnhof Hann. Münden. Die nördlich des Bahnhofs gelegene Stadt besitzt eine hervorragend restaurierte Altstadt. Die Fachwerkgebäude präsentieren sich in einem sehr gepflegten Zustand. Das Welfenschloß überragt die Innenstadt. Die Stadt liegt am Zusammenfluß von Werra und Fulda, die ab hier die Weser bilden.

Etwa in Höhe des ehemaligen Haltepunkts Laubach führt die nun in das Fuldatal eingeschwenkte Bahnstrecke unterhalb der Autobahnbrücke der A 7 und deren Zwillingsschwester, der für die Neubaustrecke zwischen Göttingen und Kassel erbauten Eisenbahnbrücke, hindurch.

Vor dem Endpunkt der Strecke, Kassel Hbf, werden der Bahnhof Speele und der Haltepunkt Niedervellmar erreicht. Interessante Aspekte hat die Streckenführung zwischen Kragenhof und Kassel Hbf durch den Bau der Schnellfahrstrecke von Göttingen nach Kassel-Wilhelmshöhe bekommen. Die Brücke über die Fulda, die 1945 gesprengt und dann als Fachwerkbrücke wieder aufgebaut wurde, hat eine Schwester erhalten. Etwa 70 m von der alten Brücke entfernt überquert die Neubaustrecke auf einer aus optischen Gründen ebenfalls als Fachwerkbrücke errichteten Brücke das Kragenhöfer Fuldatal. Zwischen der neuen Kragenhöfer Brücke und dem Bahnhof Ihringshausen wird am Kreuzungsbauwerk Kahnwiese das Gleis Kassel–Halle über die Neubaustrecke geführt. Die gesamte Länge des Kreuzungsbauwerks von 950 m setzt sich aus einem geschlossenen Rahmen von 484 m und einem offenen Trog von 466 m Länge zusammen. Für den Bau dieser niveaufreien Gleiskreuzung waren die durchgehenden Hauptgleise mehrfach zu verlegen, was die Schließung von Kragenhof und Ihringshausen als Zugangsstellen zur Strecke Halle–Kassel nach sich zog.

Da die Neubaustrecke aus Richtung Göttingen über die Kragenhöfer Brücke südlich der Strecke Halle–Kassel verläuft, war es durch den Bau des Kreuzungsbauwerks Kahnwiese möglich, die

Das Bahnhofsgebäude in Hann. Münden von der Gleisseite

...und von der Straßenseite (1991)
Fotos: Junker

Ihringshausen: Stellwerk und Fußgängerbrücke (1991)
Foto: Junker

Kassel Hbf
Foto: Förstn

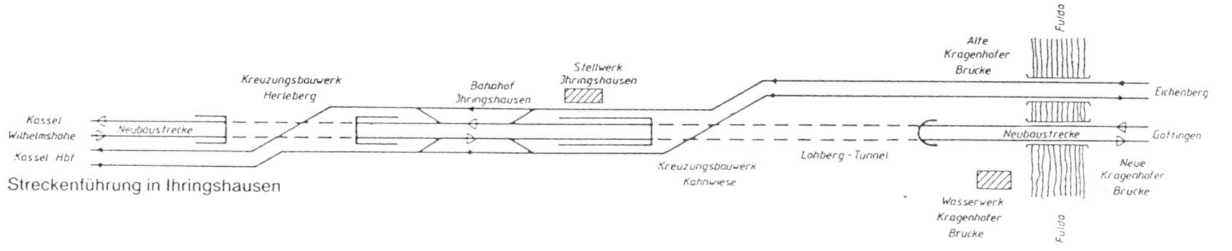

Streckenführung in Ihringshausen

Schematische Darstellung der Gleisanlagen in Ihringshausen Aus: Die Bundesbahn 55 (1991) H. 7/8

Ihringshausen, Fußgängerbrücke: Die beiden mittleren Gleise gehören zur Schnellfahrstrecke Göttingen–Kassel-Wilhelmshöhe, die äußeren zur Strecke Halle–Kassel Foto: Junker

Ein Detail des Empfangsgebäudes des Kasseler Hauptbahnhofs (1991)
Foto: Junker

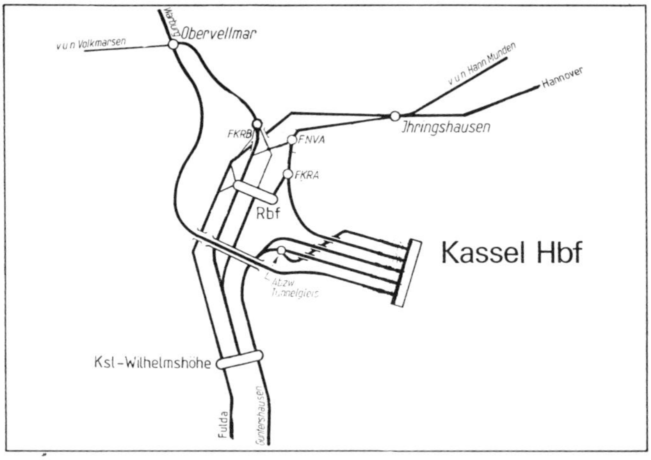

Schematische Darstellung der Streckenführung im Raum Kassel

Neubaustrecke im Bahnhof Ihringshausen zwischen den beiden Hauptgleisen der Strecke Halle–Kassel – jeweils mit richtungsweisen Übergangsmöglichkeiten – anzuordnen.

In Richtung Kassel folgt anschließend an den Bahnhof Ihringshausen das Kreuzungsbauwerk Herleberg. Hier benutzt die Neubaustrecke einen 155 m langen Tunnel. Über diesen Tunnel führt das Gleis Halle–Kassel. Das Kreuzungsbauwerk Herleberg besteht bei einer Gesamtlänge von 1 055 m aus Trogbauwerken von insgesamt 900 m in Länge.

In Niedervellmar liegen die Wohnhäuser unmittelbar neben den beiden Eisenbahnstrecken. Beim Bau der Neubaustrecke wurden deshalb die Bahnanlagen beidseitig mit Schallschutzwänden eingefaßt. Ein besonders reizvolles Schallschutzwerk entstand am Haltepunkt Niedervellmar.

Der Bahnhof Kassel Hbf ist ein Kopfbahnhof mit 13 Bahnsteiggleisen. Zugein- und -ausfahrten aus und in Richtung Halle sind auf den Gleisen 7 bis 13 möglich. Infolge des Baues der Neubaustrecke ist die Bedeutung des Bahnhofs Kassel Hbf für den Fernverkehr rückläufig. Ein reger Pendelverkehr sichert die Verbindung von und zum ICE- und IC-Bahnhof Kassel-Wilhelmshöhe.

Die Stadt Kassel als Endpunkt der Strecke Halle–Kassel ist das dominierende Wirtschafts-, Bevölkerungs- und Kulturzentrum Nordhessens und verfügt mit beiden Bahnhöfen Kassel Hbf und Kassel-Wilhelmshöhe über zwei wichtige Eisenbahnknotenpunkte im Reiseverkehr und mit dem Bahnhof Kassel Rbf über eine Drehscheibe im Güterverkehr.

Kassel als Residenzstadt des ehemaligen Kurfürstentums Hessen besitzt sehenswerte Bauten, unter denen insbesondere die Schloßanlage mit dem Herkules und den Kaskaden im Bergpark Wilhelmshöhe Erwähnung verdienen. Die Stadt mit ihren rund 195 000 Einwohnern ist Sitz der jüngsten hessischen Universität, der Gesamthochschule Kassel.

3

Zur Vorgeschichte der Eisenbahnstrecke

Besondere Verdienste bei der Gestaltung eines deutschen Eisenbahnnetzes erwarb sich der Nationalökonom Friedrich List (1789 bis 1846). Mit seiner 1833 veröffentlichten Schrift „Über ein sächsisches Eisenbahnsystem als Grundlage eines allgemeinen deutschen Eisenbahnsystems und insbesondere über die Anlegung einer Eisenbahn von Leipzig nach Dresden" erregte er große öffentliche Aufmerksamkeit. Lists Schrift und sein unermüdliches Wirken für das neue Beförderungsmittel trugen wesentlich dazu bei, die Abneigung deutscher Wirtschaftskreise gegen die Eisenbahn zu überwinden.

Friedrich Lists Entwurf eines deutschen Eisenbahnnetzes sah u. a. eine Eisenbahnverbindung von Leipzig nach Kassel, allerdings über Weimar–Gotha–Hersfeld, vor. Eine über Nordhausen führende Verbindung von Halle nach Kassel hatte er nicht geplant. Dabei muß allerdings beachtet werden, daß seine Vorstellungen nur das in jeder Hinsicht erweiterungsfähige Grundgerüst eines künftigen deutschen Eisenbahnnetzes verkörperten.

Mit dem Erlaß des preußischen Eisenbahngesetzes vom 3. November 1838 setzte auch im Nordthüringer Raum die Diskussion um den Bau von Eisenbahnen ein, die dieses Gebiet erschließen sollten. Sie wurden insbesondere um ein schon vorliegendes Projekt geführt.

In Konkurrenz zu einer nördlich des Harzes zu bauenden Eisenbahnlinie von Magdeburg über Braunschweig und Hannover nach Münden suchte im Frühjahr 1837 der Justizkommissarius Robert aus Halle in Berlin um die Konzessionierung einer südlich des Harzes verlaufenden Eisenbahnlinie nach. Sie sollte von Halle über Nordhausen und Witzenhausen nach Lippstadt führen und dort in die projektierte Rhein-Weser-Bahn einmünden.

Auf Anregung des an der Eisenbahn interessierten preußischen Kronprinzen und späteren Königs Friedrich Wilhelm IV., der sich aus strategischen Überlegungen für die südlich des Harzes führende Linie einsetzte, wurde durch Order vom 6. Februar 1838 die Untersuchung der Geländeverhältnisse für eine von Halle über Nordhausen und das Eichsfeld führende Eisenbahn nach Kassel angewiesen.

Das Ergebnis dieser Untersuchung lag im Dezember des Jahres 1838 vor. Es ergab, daß der Bau infolge der Geländeschwierigkeiten mit ausgedehnten und kostspieligen Anlagen verbunden wäre. Obwohl sie in militärischer Hinsicht vorzuziehen sei, da sie zum größten Teil über preußisches Gebiet führte, sprach sich deshalb der preußische Finanzminister, Graf von Alvensleben in seinem Bericht vom 22. Dezember 1838 gegen die südlich des Harzes führende Linie aus. Ihm schlossen sich in Stellungnahmen vom 21. Februar und 6. März 1839 Innenminister von Rochow und Justizminister von Kamptz an. Befürworter fand diese Linienführung im Kriegsminister von Bauer und im Generalpostmeister von Nagler. Ihre Entscheidung war insbesondere mit der überwiegend über preußisches Gebiet verlaufenden Trasse und der Mitgliedschaft Kurhessens, auf dessem Territorium das Reststück verlief, im unter preußischer Führung stehenden Deutschen Zollverein begründet.

Da der Magdeburger Oberbürgermeister August Wilhelm Francke die Gelegenheit benutzte, um zum wiederholten Male um die Genehmigung zu Vorarbeiten für eine Eisenbahnlinie Magdeburg–Braunschweig zu ersuchen, entstanden im preußischen Staatsministerium erneut Diskussionen. Streitpunkt war die Frage, ob durch die Konzessionierung der nördlich des Harzes verlaufenden Linie eine Konkurrenz zu der südlichen entstehen würde. Die unterschiedlichen Stellungnahmen legte das Staatsministerium am 19. Dezember 1839 dem König vor. Zugleich wurde er mit dieser Vorlage um die Finanzierung einer weiteren Geländeuntersuchung für eine südlich des Harzes verlaufenden Route gebeten.

Am 4. Januar 1840 traf König Friedrich Wilhelm III. von Preußen seine Entscheidung. Mit Rücksicht auf die unverkennbare militärische Wichtigkeit einer Eisenbahnverbindung von Halle nach Kassel südlich des Harzes ordnete er eine erneute Geländeuntersuchung an und bewilligte die Mittel dafür. Außerdem setzte er aus seinem Schatullvermögen ein Legat von 1 Million Taler zur Förderung dieser Eisenbahnlinie aus. Zugleich duldete er auch die Anlegung der nördlich des Harzes führenden Linie. Er machte sie lediglich davon abhängig, daß Braunschweig eine Verlängerung dieser Linie nur nach preußischer Zustimmung und bei Berücksichtigung der Linienführung über preußisches Territorium gestatten dürfe.

Für eine Verbindung zwischen den beiden Städten Halle und Kassel engagierte sich in dieser Zeit auch der Eisenbahnverein Kassel sehr stark und übte entsprechenden Einfluß auf die kurhessischen Behörden aus. Es kamen für die Untersuchung der südlich des Harzes verlaufenden Eisenbahn drei Varianten in Betracht. Das waren

a) Halle–Nordhausen–Heiligenstadt–Witzenhausen–Kassel,
b) Halle–Mühlhausen–Eschwege–Waldkappel–Kassel und
c) Halle–Erfurt–Eisenach–Rothenburg–Kassel.

Die erste Linie, die etwa dem späteren Streckenverlauf der „Halle-Casseler Zweigbahn" auf preußischem Gebiet entsprach, fiel von vornherein aus der engeren Wahl. Das Untersuchungsergebnis aus dem Jahre 1838 sprach eindeutig gegen diese aufwendige und kostspielige Variante. Auch die zweite Möglichkeit, die ebenfalls den Vorteil genoß, größtenteils über preußisches Gebiet zu führen, verfiel der Ablehnung. Ihre Ausführung wäre insbesondere im westlichen Teil Mühlhausen–Eschwege auf große technische Schwierigkeiten gestoßen. Die Entscheidung fiel so 1841 zugunsten der dritten Variante, der späteren Stammbahn der Thüringischen Eisenbahngesellschaft. Der entsprechende Staatsvertrag zwischen Preußen, Kurhessen, Sachsen-Weimar-Eisenach und Sachsen-Coburg-Gotha wurde am 20. Dezember 1841 in Berlin abgeschlossen. Seine Ratifizierung war kurz darauf, am 24. Januar 1842. Damit war das Eisenbahnprojekt von Halle nach Kassel über Nordhausen für lange Zeit zu den Akten gelegt. Das hieß jedoch nicht, daß damit auch die Diskussionen und die Bemühungen der Wirtschaft und der Kommunen um eine Eisenbahn im Raum Eisleben-Sangerhausen-Nordhausen-Eichsfeld versiegten.

In dem Ringen um die beste Linienführung der südlich des Harzes geplanten Eisenbahn hat sich auch Friedrich List massiv zu Wort gemeldet. Im Frühjahr 1840 erfuhr er von dem über Sangerhausen–Nordhausen nach Kassel führenden Eisenbahnprojekt. Er entschloß sich sofort, diesem Projekt entgegenzutreten und die bereits in seiner Schrift von 1833 vorgesehene Linienführung über Weimar, Erfurt, Gotha und Eisenach zu propagieren. Im „Allgemeinen Anzeiger der Deutschen" publizierte er eine Reihe entsprechender Aufsätze. Darin versuchte er den Nachweis zu führen, daß die Linie südlich des Harzes die zahlreichen und bevölkerungsstarken Städte Naumburg, Weimar, Erfurt, Gotha und Eisenach berühren müsse. Das wäre nicht nur im Interesse der Unternehmer, auch die beiden die Eisenbahn initiierenden Staaten Preußen und Kurhessen gewännen finanziell, nationalökonomisch und politisch bei dieser 32 Meilen langen Eisenbahn gegenüber der kürzeren, nur 25 Meilen langen durch Nordthüringen führenden.
Diese Argumente trugen dazu bei, daß die Entscheidung 1841 zugunsten der von List bevorzugten Linienführung fiel.
Kurhessen hat in dem Bemühen, Kassel zum Knotenpunkt wichtiger Eisenbahnverbindungen zwischen Ost und West sowie Nord und Süd zu machen, noch eine Zeitlang an der Halle-Kasseler Bahnstrecke festgehalten und sie als Voraussetzung anderer Bahnbauten gefordert. Es befürchtete nämlich, daß durch die längere Strecke über die Ernestinischen Kleinstaaten Thüringens der Durchgangsverkehr von Kassel ferngehalten würde. Doch alsbald gab Kurhessen dem Druck Preußens und der Nachbarstaaten nach und stimmte anderen Bahnbauten unter Verzicht auf die durch Nordthüringen führende Linie zu.
Der Eisenbahngedanke blieb im Nordthüringer Raum lebendig. Seit 1844 versuchte beispielsweise die Stadt Nordhausen, zusammen mit Nachbarstädten zu einem Eisenbahnanschluß zu kommen. Vorgeschlagen wurde eine Verbindung von Halle nach Northeim über Nordhausen. 1845 bildete sich aus diesem Grund aus Bürgern Nordhausens, Sangerhausens, Eislebens und Halles ein Komitee, dessen Vorsitz der hallesche Stadtrat Ludwig Wucherer übernahm. Mit ministerieller Erlaubnis vermaß er auf eigene Kosten das für den Bahnbau in Betracht kommende Gelände zwischen Halle und Nordhausen.
An der Arbeit des Komitees waren zu diesem Zeitpunkt die Städte Sangerhausen und Eisleben wohl nicht mehr beteiligt, denn das Sangerhäuser Kreisblatt berichtete am 20. Februar 1846 lediglich: „Der in den Städten Nordhausen und Halle zusammengetretene Verein, welcher den Bau einer Eisenbahn zwischen diesen beiden Städten und weiter nach Hannover beabsichtigt..." Der Sangerhäuser Landrat von Werthern wies in der gleichen Ausgabe des Kreisblattes an, daß die mit den Vorarbeiten beauftragten Personen in jeglicher Weise zu unterstützen sind. Damit wurde das Interesse sowohl der kommunalen Behörden als auch der Wirtschaft am Bau dieser Eisenbahn bekundet. Anders sah das allerdings mit den Landeigentümern aus, die durch den Bahnbau ihre Interessen geschmälert sahen. So kam es am 1. Mai 1846 zur Weigerung von Grundstückseigentümern, das Aufstellen von Signalstangen zur Abgrenzung der projektierten Linie zuzulassen. Daraufhin wurden die Ortspolizeibehörden angewiesen, die betreffenden Eigentümer zu verwarnen. Wer sich der Aufstellung der Signalstangen auf seinem Grundstück widersetzte, konnte mit Gefängnis oder Zuchthaus bestraft werden. Auf Beschädigung oder Entwendung solcher Stangen oder ähnlicher Hilfsmittel standen körperliche Züchtigung, Strafarbeit oder Gefängnis bis zu einem Jahr.
Ähnlich wie in Sangerhausen zeigten sich auch in den anderen Kreisen diese Widersprüche zwischen der Wirtschaft und den Landbesitzern, in der Regel kleineren Bauern, deren Existenz vom Vorhandensein von Grund und Boden im besonderen Maß abhing.
Das Projekt ist bis in das Jahr 1848 hinein zu verfolgen. Offensichtlich haben die Ereignisse dieses Jahres dazu geführt, daß die Vorarbeiten und Verhandlungen abgebrochen wurden.
Im Zusammenhang mit diesem Projekt einer Eisenbahn von Halle nach Nordhausen und von dort

aus zur geplanten hannoverschen Südbahn regten sich in Duderstadt Bürger unter Leitung von Hellrung, die eine Linienführung der Eisenbahn über Duderstadt anstrebten. Am 5. November 1846 kam es deshalb hier zur Gründung eines Eisenbahnvereins. Im Jahre 1848 gab der Vorstand dieses Vereins eine Denkschrift, betitelt „Die hannoversche Südbahn, die Halle-Nordhäuser-Gotha-Mühlhausen und Hahle-Ruhme-Verbindungsbahnen. Denkschrift und Beitrag in Bezug auf deren Bau und Vereinigung" heraus. Ohne auf die Vorstellungen darin näher einzugehen, sei nur erwähnt, was diese Denkschrift zu dem Projekt einer Eisenbahn Halle–Nordhausen–Northeim sagt: „Halle–Nordhausen darf – nach dem eigenen Geständnisse – auf die preußische Concession nicht rechnen, sobald es, dem angegebenen Charakter einer nördlichen Tendenz zuwider, Bremen und Northeim aus dem Auge verliert. Die Thüringer Bahn, welche durch Halle–Nordhausen ohnehin stark beeinträchtigt wird, würde sofort Lärm schlagen...".

Deutlich wird, daß noch 1848 nur eine von Halle nach Kassel führende Eisenbahn die Unterstützung Preußens besaß, und das war die bestehende über Weimar–Erfurt–Eisenach.

Trotzdem schlug der Duderstädter Eisenbahnverein die Weiterführung der Strecke über Nordhausen hinaus nach Worbis vor: „Halle–Nordhausen, das bekanntlich von Halle über Seeburg, Eisleben, Riestedt, Sangerhausen und Roßla nach Nordhausen zu bauen gedenkt, setzt die Linie von hier an der Wipper, wo sich Sondershausen anschließen kann, über Wülfingerode und Kirchworbis nach Stadt-Worbis fort. Der lange Tractus durchzieht eine schöne Ebene."

Von Worbis nach Duderstadt wurde eine von der Halle-Nordhäuser und Gotha-Mühlhäuser Eisenbahn gemeinschaftlich zu bauende Strecke vorgesehen, während die Verbindung zur hannoverschen Südbahn die von Duderstadt aus zu errichtende Hahle-Ruhme-Bahn herstellen sollte.

Diese Vorschläge fanden jedoch keine Beachtung und erreichten nicht einmal ein weitergehendes Planungsstadium

Eine zweite preußische Ost-West-Verbindung südlich des Harzes stand in Konkurrenz zur Thüringischen Eisenbahngesellschaft, wurde von dieser bekämpft und fand Ende der vierziger Jahre des 19. Jahrhunderts keine Unterstützung bei den betroffenen Bundesstaaten.

Das schien sich Anfang der fünfziger Jahre zu ändern. Günstige Bedingungen wurden durch den Abschluß des Zollvertrags vom 7. September 1851 zwischen dem preußischen Zollverein und dem Königreich Hannover für eine Bahn von Halle über Nordhausen nach Northeim geschaffen. Auch für eine Weiterführung nach Kassel schien die Zeit günstig zu sein. Die kurhessische Regierung hatte sich bereit erklärt, entsprechende Verhandlungen aufzunehmen.

Begünstigend wirkten sich auch die Fortschritte im Eisenbahnwesen aus. Neigungen bis zu 10 ‰ konnten jetzt mühelos überwunden werden, während noch wenige Jahre vorher die Grenze bei 3,3 ‰ lag.

Eine Zeitlang deutete sich an, daß die Berlin-Anhaltische Eisenbahngesellschaft im Anschluß an die von ihr beabsichtigte Zweigbahn von Wittenberg nach Halle auch die Fortsetzung in Richtung Westen übernehmen würde. Sie ließ dazu 1852 Geländeuntersuchungen anstellen, nahm aber wegen der nach wie vor sehr hohen Baukosten von dem Vorhaben Abstand. Die Fortführung nach Westen sollte wohl von Halle über Merseburg–Querfurt–Artern–Wallhausen–Roßla–Nordhausen–Heiligenstadt nach Kassel verlaufen. Eisleben sollte trotz der an sich kürzeren Streckenführung unberücksichtigt bleiben, um das gebirgige Gelände zu umgehen. Artern wurde wohl wegen der dortigen Saline berücksichtigt. Nach einem Bericht der Allgemeinen Erfurter Zeitung vom 25. März 1852 betrug die Länge dieser Bahn etwa 25 Meilen. Das waren 11 Meilen weniger als die Eisenbahnverbindung von Halle nach Kassel über Erfurt. Grund genug, daß die Aktionäre der Thüringischen Eisenbahngesellschaft diese Strecke fürchteten und froh waren, als die Berlin-Anhaltische Eisenbahngesellschaft Abstand von der westlichen Verlängerung über Halle hinaus nahm.

Der Eisenbahngedanke wurde jedenfalls dadurch wieder erheblich belebt. Die Diskussion um die Eisenbahnen nahm breiten Raum ein. Am 2. Februar 1852 wandte sich der Landrat des Kreises Heiligenstadt an den Regierungspräsidenten in Erfurt und bat um Auskunft, ob wirklich Aussicht vorhanden sei, dem Notstand des Eichsfeldes durch eine auf Staatskosten zu bauende Eisenbahn entgegenzutreten. Er schrieb: „Überzeugt von der Mächtigkeit dieses Unternehmens, weil dem Notstand der hiesigen Bevölkerung nur durch Eröffnung neuer lohnender Arbeitszweige Abhilfe geschafft werden kann und weil selbst die vergrößerte Zahl von Fabriken im Eichsfelde dem jetzigen Elende vorzuziehen sein dürfte, bin ich von dem Wunsche erfüllt, diese wichtige Frage soweit zu fördern als meine Kräfte reichen...".

Der Antwort der Regierung in Erfurt ist zu entnehmen, daß nach wie vor keine Entscheidungen gefallen waren. Überprüft wurde nach dieser Mitteilung die Möglichkeit einer Eisenbahnlinie von Halle über Nordhausen und Heiligenstadt nach Kassel, der man den Vorzug vor einer ebenfalls von Halle ausgehenden Linie mit dem Endpunkt Göttingen gab. Die Erfurter Regierung sah in einer solchen Eisenbahn eine Möglichkeit, zur Milderung des allgemeinen Elends auf dem Eichsfeld beizutragen. So heißt es in dem Antwortschreiben unter anderem: „Speziell für den Erfurter Regierungsbezirk ist die in Anlegung gekommene Bahn von ungemeiner Wichtigkeit, indem sie das dichtbevölkerte Eichsfeld dem größeren Verkehr aufschließt und das Emporkommen einer dauernden Gewerbstätigkeit in Aussicht stellt. Gegenwärtig findet eine große Masse der Bevölkerung durch große auswärts wohnende Fabrikanten nur dann Beschäftigung, namentlich durch Weberei, wenn die Preise des Fabrikats so niedrig sich stellen, daß sie nur einen Arbeitslohn zulassen, für welchen die Bewohner in der Umgegend des Wohnortes des Fabrikanten, weil ihnen noch andere Beschäftigungsarten offenstehen, nicht arbeiten. Der Verdienst des Eichsfeldes ist daher jetzt ein unsicherer und geringer. Der Niederlassung von Fabrikanten stand bisher der Mangel an Feuerungsmaterial, dessen Preis immer höher steigt, entgegen. Die Eisenbahn wird diesem Mangel abhelfen, indem sie dem Eichsfeld von Westen her die Steinkohle, von jenseits Nordhausen her die Braunkohle zu mäßigen Preisen zuführen wird..."

Trotz dieser Aussage, die auch den sozialen Charakter des neuen Verkehrsmittels betont, ist in keiner Weise die Rede davon, eine das Eichsfeld berührende Bahn auf Staatskosten zu bauen. Die Notwendigkeit der Bahn war unbestritten, die widersprüchliche Politik Preußens hinsichtlich des Baues von Eisenbahnen unterband jedoch noch immer klare Entscheidungen. Und das, obwohl auch das preußische Staatsministerium unter Hervorhebung der militärischen Aspekte für die Strecke plädierte.

Deutlich macht das unter anderem ein vom 7. Juli 1853 datiertes Schreiben des Ministers für Handel, Gewerbe und öffentliche Arbeiten, von der Heydt, an den Kriegsminister von Bonin: „Die Eisenbahnlinie über Braunschweig und Hannover bildet gegenwärtig die einzige für den Personen- und Güterverkehr nutzbare Verbindung der östlichen Provinzen mit der Rheinprovinz. Der Umweg von Berlin über die Thüringische und Westfälische Eisenbahn nach Köln ist so beträchtlich, daß auf dieser Linie eine Konkurrenz mit der vorgenannten nicht eröffnet werden kann. Es befindet sich daher Preußen dadurch, daß es für den wichtigen Teil seines Reise- und Güterverkehrs lediglich auf die Eisenbahnverbindung über Braunschweig und Hannover angewiesen ist (in einer misslichen Lage)...

Preußen kann in den vorliegenden Beziehungen eine bessere Selbständigkeit nur dadurch erlangen, daß vermittels der in Rede stehenden Eisenbahn in der Richtung von Halle auf Nordhausen eine zweite direkte Eisenbahnverbindung zwischen den westlichen und östlichen Provinzen hergestellt wird.

Durch eine solche Konkurrenz-Linie wird die politische-kommerzielle Stellung von Hannover und Braunschweig wesentlich verändert werden. Damit wird Preußen es in der Hand haben, die Eisenbahnen der Hannoverschen und Braunschweigischen Staatseisenbahnen zu vermindern... und

andererseits könnten unter Umständen doch Verhältnisse eintreten, welche die Ausführung von militärischen Transporten von und nach den westlichen Provinzen mit Umgehung von Hannover, Braunschweig oder auch den Thüringischen Staaten wünschenswert erscheinen ließen. Durch den Bau der Eisenbahn von Halle über Nordhausen nach Cassel wird daher eine solche militärisch nachteilige Situation nicht erst neu geschaffen..."
Trotzdem, der Bau dieser militärisch so vorteilhaften und ökonomisch so vielversprechenden Bahn bekam nicht die erforderliche staatliche Unterstützung.

1854 kam es zur Gründung eines Komitees zum Bau einer Eisenbahn von Halle nach Kassel. Am 29. Dezember desselben Jahres wandte sich das Komitee in einem Aufruf an die Öffentlichkeit: „Das dringende Bedürfnis einer Eisenbahn auf der alten großen Handelsstraße durch die gewerbs- und fruchtreiche Gegend von Halle über Eisleben, Nordhausen und Heiligenstadt nach Cassel, mit einer Zweigbahn von Sangerhausen, rief nun eifrige Bestrebungen für deren Erbauung hervor... Die Hauptbahn in der anfangs genannten Richtung würde 28 Meilen Länge erhalten und gegen 12 Millionen Thaler kosten... Das Terrain, welches die Bahn durchläuft, ist von Halle bis Heiligenstadt günstig zu nennen, und nur die Passage bei Eisleben und die Strecke hinter Heiligenstadt bis Cassel steigere durch wesentliche Schwierigkeiten die Kosten!" Und weiter heißt es, daß besonders „der jetzt kranken und gehemmten Industrie des darbenden Eichsfeldes und der Gewerbstätigkeit der ganzen so entwicklungsfähigen Gegend" durch die Bahn neue Entwicklungschancen gegeben werden könnten.

Überall bildeten sich nunmehr lokale Komitees zur Unterstützung des Bahnbaus. In Sangerhausen gehörten ihm die Herren Hellwig, Schmidt, Franke und Dittmar an. Man erwartete dort viele Vorteile von der Bahn. Im Sangerhäuser Kreisblatt vom 20. Januar 1855 las sich das wie folgt: „Mit Gewißheit läßt sich dies für unsere gewerbereiche Gegend erwarten. Aber auch, daß der Bau derselben der Stadt eine Chaussee nach Wippra und somit eine direkte Verbindung mit dem Unterharze bringen wird. Dieses wurde seit mehreren Jahren zur Hebung des hiesigen Verkehrs vielfach gewünscht. Auch die Zweigbahn von Artern wird den hiesigen Verkehr sehr beleben und nach allen diesen Umständen werden der hiesigen Stadt und Umgebung große Vorteile durch die Eisenbahn gewährt werden."

Das Nordhäuser „Special-Comité" wandte sich am 12. Januar 1855 in einem Aufruf an alle Mitbürger und forderte sie zu einer regen Aktienzeichnung auf. „Unseren Mitbürgern können wir nunmehr die erfreuliche Mitteilung machen, daß die Anlegung einer Eisenbahn von Halle über Nordhausen nach Cassel nicht allein Allerhöchst genehmigt, sondern auch jetzt die Erlaubnis zur Aktienzeichnung erteilt ist. Indem wir in dieser Beziehung auf die beiliegende, vom Zentralkomitee erlassene Aufforderung vom 29. Dezember v. J. verweisen, nehmen wir Veranlassung, den Einwohnern hiesiger Stadt und Umgebung noch einige Worte über das Unternehmen selbst und die Vorteile desselben zu sagen.

Für die hiesige Stadt ist es eine Lebensfrage, daß dieselbe in das Eisenbahnnetz hineingezogen wird. Der steigende Verkehr derselben, die sich mehrenden Fabrik-Anlagen lassen es wünschen, daß den hiesigen Etablissements eine rasche Kommunikation nach außen geboten wird. Nachdem die Eisenbahn über Nordhausen vollendet und dem Betriebe übergeben sein wird, ist ein noch größerer Aufschwung aller geschäftlichen Verhältnisse zu erwarten, der Wert der Grundstücke wird sich unzweifelhaft bedeutend heben, und mancher andere Vorteil der hiesigen Stadt und Umgegend sich erweisen..." Für das Eichsfeld konstituierte sich am 7. Dezember 1854 die „Eichsfelder Gesellschaft für das Halle-Casseler-Eisenbahn-Unternehmen" mit einem ähnlichen Ziel wie die anderen Komitees.

Zu Beginn der Aktivitäten stand weder die genaue Linienführung fest, noch war der Bahnbau konzessioniert. Zwar hatte der preußische König am 6. Mai 1854 die Anlage der Bahn Halle–Kassel genehmigt, die entsprechenden Staatsverträge mit Kurhessen und die eigentliche Konzessionierung standen aber noch aus.

Halle-Nordhausen-Casseler Eisenbahn.

Unseren Mitbürgern können wir nunmehr die erfreuliche Mittheilung machen, daß die Anlegung einer Eisenbahn von Halle über Nordhausen nach Cassel nicht allein Allerhöchst genehmigt, sondern auch jetzt die Erlaubniß zur Actienzeichnung ertheilt ist. Indem wir in dieser Beziehung auf die beiliegende, vom Centralcomité erlassene Aufforderung vom 29. Decbr. v. J. verweisen, nehmen wir Veranlassung, den Einwohnern hiesiger Stadt und Umgegend noch einige Worte über das Unternehmen selbst und die Vortheile desselben zu sagen.

Für die hiesige Stadt ist es eine Lebensfrage, daß dieselbe in das Eisenbahnnetz hineingezogen wird. Der steigende Verkehr derselben, die sich mehrenden Fabrik-Anlagen lassen es wünschen, daß den hiesigen Etablissements eine rasche Communication nach außen geboten wird. Nachdem die Eisenbahn über Nordhausen vollendet und dem Betriebe übergeben sein wird, ist ein noch größerer Aufschwung aller geschäftlichen Verhältnisse zu erwarten, der Werth der Grundstücke wird sich unzweifelhaft bedeutend heben, und mancher andere Vortheil der hiesigen Stadt und Umgegend sich erweisen.

Jedoch nicht allein auf die Vortheile, welche die Bahn, wie oben bemerkt, der Stadt und Umgegend bringen wird, wollen wir hinweisen, wir glauben auch die Ueberzeugung aussprechen zu dürfen, daß die Actionaire sich für ihre zu den Zeichnungen bestimmten Capitalien eine vorzügliche Zinsenrentabilität erwerben werden.

Die Erfolge vieler Eisenbahnen geben hierzu einen Beleg, wie z. B. einige nachstehend verzeichnete ältere Bahnen den dabei bemerkten Dividenden-Ertrag für die Jahre 1852 und 1853 ergeben haben, als:

	Dividende 1852.	Dividende 1853.
Oberschlesische Bahn	10 %	10 %
Magdeburg-Leipziger	20 "	20 "
Magdeburg-Halberstädter	9½ "	10 "
Berlin-Stettiner	8 "	8 "
Cosel-Oderberger	9¾ "	10⅛ "
Berlin-Anhaltische	6 "	7 "
Leipzig-Dresdner	9 "	9½ "
Cöln-Mindener	6 1/12 "	6½ "

von denen die höhern Jahreseinnahmen des verflossenen Jahres wohl auch eine gesteigerte Dividende für dasselbe in Aussicht stellen. Auch mehrere in den letzteren Jahren erst vollendete Eisenbahnen haben bereits ein sehr günstiges Resultat gebracht, wie unter Anderem von der Ludwigshafen-Bexbacher Eisenbahn, die eine Gegend durchläuft, in welcher das Eisenbahnnetz ziemlich ausgedehnt,

die Jahres-Dividende pro 1852 5⅝ % betrug, die vorjährige sich auf ca. 7 %

stellen wird. Sobald eine Bahn durch frequente Gegenden führte, wurde in der Regel eine gute Rentabilität erzielt, und darf das vorliegende Unternehmen wohl in diese Categorie gestellt werden, wie die in der Aufforderung des Centralcomités enthaltenen Bemerkungen über den zu erwartenden Verkehr aussprechen.

Den Zeichnern der 1. Serie erwächst noch der Vortheil, daß sie das Recht, nicht aber die Verpflichtung haben, bei Ausgabe der 2. Serie auf jede zur 1. Serie gezeichnete Actie 3 Actien der zweiten Serie zum Nennwerthe zu beanspruchen.

Die Zeichnungen selbst werden vom 16. d. Mts. ab durch

den hiesigen Magistrat,
Herrn R. M. Cohn,
„ Bach & Frenkel,
„ Salfeldt & Stein,
„ Eduard Müller,
„ Gebr. Schulze

entgegengenommen, bei welchen Zeichnungsformulare zu haben sind.

Mögen also diejenigen, denen das Gelingen des Unternehmens am Herzen liegt, demselben ihre Betheiligung nach Kräften angedeihen lassen!

Nordhausen, den 12. Januar 1855.

Das Special-Comité:

Bach, Cohn, v. Davier, Hesse, Müller, Salfeldt, Schreiber, Schulze, Ullrich, Voß.

Aufruf des Nordhäuser „Special-Comité" für die Halle-Nordhausen-Casseler Eisenbahn vom 12. Januar 1855

Auch hatte sich noch keine Gesellschaft gefunden, die den Bahnbau übernahm. Denn die Berlin-Anhaltische Eisenbahngesellschaft hatte, wie bereits bemerkt, in ihrer Generalversammlung von 1856 von der Übernahme des Bahnbaus von Halle über Nordhausen nach Kassel Abstand genommen. So versuchte das Komitee, den Bau in die eigenen Hände zu nehmen.
Trotz der zahlreichen Aktienzeichnungen fehlte dazu jedoch das erforderliche Geld. Und so kamen die Vorarbeiten wieder ins Stocken, da auch jede finanzielle Unterstützung oder Garantie für den Bahnbau durch den preußischen Staat fehlte. Sucht man die Ursachen dafür, wird man sie auch im Wandel der Auffassung des preußischen Staates zur Eisenbahnpolitik finden. Von der Heydt, der für das Eisenbahnwesen zuständige Minister für Handel, Gewerbe und öffentliche Arbeiten, war bemüht, den Staatsbahngedanken gegenüber den bisherigen Auffassungen durchzusetzen. Private Initiativen wurden auf diese Weise gehemmt, während die finanziellen Möglichkeiten des Staates für den Ausbau des Eisenbahnnetzes nicht ausreichten.
Das war auch noch so, als von der Heydt in einem Schreiben vom 5. November 1857 mitteilte, daß zuerst die Bahn von Halle nach Nordhausen zu bauen sei. Der Weiterbau über Heiligenstadt nach Göttingen bzw. Hann. Münden sei zu sichern, jedoch zur gegenwärtigen Zeit nicht möglich.
Ein zwischenzeitlicher Antrag der Stadt Nordhausen, den Bau einer Eisenbahn von Nordhausen nach Northeim zu gestatten, verursachte im Zusammenhang mit dem erwähnten Schreiben von der Heydts eine mißliebige Stimmung auf dem Eichsfeld. Hier fühlte man sich zurückgesetzt, da angenommen wurde, daß die Weiterführung der Strecke von Nordhausen nach Kassel zugunsten des Bahnbaus nach Northeim zurückgestellt werde. Dies führte unter anderem zur Einstellung der Aktienzeichnungen für den Bahnbau und zog eine gewisse Gleichgültigkeit zu den Eisenbahnfragen nach sich.
Es wurde wieder einmal still um eine Eisenbahnverbindung von Halle nach Kassel durch den Nordthüringer Raum. Lediglich die alljährlichen Anträge der Stadtverordneten von Sangerhausen und Nordhausen im preußischen Abgeordnetenhaus erinnerten immer wieder an den Bau dieser Eisenbahnstrecke und belebten damit auch die lokalen Diskussionen.

4

Vom Wunsch zur Wirklichkeit

Immer wieder wurden insbesondere die Städte Sangerhausen und Nordhausen im preußischen Abgeordnetenhaus wegen des Baues einer Eisenbahn von Halle nach Kassel und ihres damit verbundenen Eisenbahnanschlusses vorstellig. Daneben wurde auch der Druck der Wirtschaft der betroffenen Regionen immer stärker, zur Belebung von Produktion und Handel endlich zum Bau dieser Eisenbahnverbindung zu kommen. Insbesondere die sich in dieser Zeit herausbildenden Handelskammern widmeten sich sehr intensiv der Eisenbahnfrage. Die 1859 gegründete Handelskammer zu Nordhausen wandte sich bereits im ersten Jahre ihres Bestehens mit einer Eingabe an den Minister für Handel, Gewerbe und öffentliche Arbeiten Preußens wegen des Baues einer Bahn von Halle über Nordhausen nach Kassel und wurde diesbezüglich auch gegenüber dem Regierungspräsidium des Regierungsbezirks Erfurt der preußischen Provinz Sachsen aktiv. Der preußischen Regierung blieb nichts anderes übrig, als die Hemmnisse für den Bau der Bahn zu beseitigen und diesen voranzutreiben. Das setzte zweierlei voraus. Zum einen mußte eine Bahngesellschaft gefunden werden, die den Bau und den Betrieb übernahm. Da wegen der beschränkten Mittel Preußens keine Staatsbahn in Frage kam, mußte zum anderen der den Bau und den Betrieb übernehmenden Bahngesellschaft eine Zinsgarantie gewährt werden. Denn ohne gesicherte Mindestzinsen war kein Kapital für ein solch aufwendiges Projekt zu aktivieren.

Entsprechende Verhandlungen nahm das Königliche Eisenbahn-Kommissariat in Berlin mit der in Magdeburg beheimateten Magdeburg-Cöthen-Halle-Leipziger Eisenbahn-Gesellschaft, kurz Magdeburg-Leipziger Eisenbahn-Gesellschaft, auf. Offensichtlich hatte sich diese Gesellschaft bereits 1857 um den Bau einer Eisenbahn von Halle über Nordhausen nach Northeim bemüht. Das ist einem Schreiben zu entnehmen, das der preußische Minister für Handel, Gewerbe und öffentliche Arbeiten am 24. Juni 1857 an das ihm unterstellte Eisenbahn-Kommissariat richtete. Darin wies er an, daß der Magdeburg-Leipziger Eisenbahn-Gesellschaft der Bau einer Eisenbahn

von Halle nach Nordhausen und ein Weiterbau nach Northeim nur genehmigt werden kann, wenn mindestens bis Heiligenstadt gebaut würde. Daran schien die Gesellschaft seinerzeit kein Interesse zu haben. Jetzt gelang es endlich – bei Übernahme der Zinsgarantie durch den preußischen Staat – die Gesellschaft für den Bau der Bahn zwischen den beiden Städten Halle und Kassel über Nordhausen und Heiligenstadt zu gewinnen.
Im Februar 1862 war in allen entscheidenden Verhandlungspunkten Einigkeit erzielt. Am 25. Juni desselben Jahres konnte in Magdeburg zwischen dem Königlichen Eisenbahn-Kommissariat zu Berlin, vertreten durch seinen Vorsitzenden, den Geheimen Regierungsrat von Maassen, und dem Direktorium der Magdeburg-Cöthen-Halle-Leipziger Eisenbahn-Gesellschaft der Vertrag „über den Bau und Betrieb einer Zweigbahn von Halle über Nordhausen nach Heiligenstadt und von da nach Cassel" unterzeichnet werden. Dieser 22 Paragraphen umfassende Vertrag regelte den Bau und den Betrieb dieser Bahn. Insbesondere wurde bestimmt, daß sofort nach der Konzessionierung der Bahn der Bau auf preußischem Staatsgebiet zu beginnen und mindestens bis Heiligenstadt in Angriff zu nehmen ist. Die preußische Regierung verpflichtete sich, die Konzession für das kurhessische Gebiet mittels eines Staatsvertrags zu erwirken. „Sollte wider Erwarten die Durchführung der Zweigbahn bis Cassel selbst nach Vollendung der Strecke von Halle bis Heiligenstadt nicht zu sichern sein, auch die Magdeburg-Cöthen-Halle-Leipziger Eisenbahn-Gesellschaft in anderweiten landesherrlich genehmigten Anschlüssen, z. B. von Heiligenstadt nach Göttingen oder Hannöv. Münden (!) einen genügenden Einsatz dafür nicht zu erkennen, so soll der Staat auf das innerhalb der ersten drei vollen Betriebsjahre der Strecke Halle–Heiligenstadt seitens der Gesellschaft zu äußernde Verlangen verpflichtet sein, die Zweigbahn gegen Erstattung der Anlagekosten mit dem Ablauf des Kalenderjahres, in welchem die Gesellschaft von ihrer Befugnis Gebrauch machen zu wollen erklärt hat, eigentümlich zu erwerben."
Offensichtlich war gegenüber 1857 die Magdeburg-Leipziger Eisenbahn-Gesellschaft nun doch geneigt, eine durchgängige Eisenbahnlinie bis Kassel zu betreiben, bzw. sah sie einen Weiterbau über Nordhausen hinaus nur dann als sinnvoll an, wenn er bis Kassel führt.
Weiter wurde festgelegt, daß die Bahn vorläufig nur ein Gleis haben solle, das zweite Gleis aber hergestellt werde, sobald das Königliche Ministerivm für Handel, Gewerbe und öffentliche Arbeiten dieses für notwendig erachte. Grund und Boden waren deshalb von vornherein für einen zweigleisigen Betrieb zu erwerben. Auch die Brücken und Durchlässe waren „wenigstens in den Fundierungen" für einen zweigleisigen Betrieb zu errichten. Für die Gesellschaft wichtig waren insbesondere die Übergabe des Restes des Legats des Königs Friedrich Wilhelm III. in Höhe von 810 000 Talern zu seiner „bestimmungsmässigen Verwendung" und die staatliche Garantie von 4 % jährlichen Zinsen für den Fall, daß der Reinertrag der Bahn dazu nicht ausreichen sollte. Diese Zinsgarantie erlosch erst, wenn die Bahn zehn Jahre hintereinander einen Reinertrag erwirtschaftet hatte, der zur Verzinsung des Anlagekapitals mit mindestens 4 % ausreichte.
Von besonderer Wichtigkeit für die Bahngesellschaft war auch die Bestimmung, daß der Grund und Boden zum Bahnbau der Gesellschaft unentgeltlich und lastenfrei zu übergeben war.
Dieser Vertrag bedurfte sowohl der landesherrlichen Genehmigung als auch der Zustimmung der Aktionärsversammlung der Magdeburg-Leipziger Eisenbahn-Gesellschaft. Daraufhin brachte der Minister für Handel, Gewerbe und öffentliche Arbeiten am 8. Juli 1862 im Abgeordnetenhaus einen entsprechenden Gesetzentwurf ein, der sofort der Kommission für Handel und Gewerbe zur Beratung überwiesen wurde.
Bereits in der Sitzung am 26. Juli desselben Jahres trug der Abgeordnete Reichenheim den „Bericht der vereinigten Kommissionen für Handel und Gewerbe und Finanzen und Zölle über den Gesetzentwurf, betreffend die Gewährung einer Zinsgarantie für das Anlagekapital einer Eisenbahn von Halle über Nordhausen nach Heiligen-

stadt und von da nach Kassel nach Maßgabe des mit der Magdeburg-Cöthen-Halle-Leipziger Eisenbahn-Gesellschaft unterm 25. Juni des Jahres getroffenen Übereinkommens" vor.

In der 32. Sitzung der 1. Session der 7. Legislaturperiode am 1. August 1862 wurde dieser Bericht beraten und der vorgelegte Gesetzentwurf ohne Veränderungen angenommen. Damit bedurfte die landesherrliche Genehmigung nur noch der Zustimmung der Aktionäre der Magdeburg-Leipziger Eisenbahn-Gesellschaft. Diese wurde in ihrer Generalversammlung am 20. November 1862 erteilt. Damit verbunden war der Beschluß eines 4. Nachtrags zum Statut der Eisenbahn-Gesellschaft, mit dem das Unternehmen auf den Bau und den Betrieb der Zweigbahn von Halle nach Kassel ausgedehnt wurde.

Der preußische König unterzeichnete am 12. Januar 1863 das oben genannte Gesetz und setzte es in Kraft. Eine Woche darauf folgte die Konzessionierung. In der Konzessions- und Bestätigungsurkunde heißt es: „Nachdem die Magdeburg-Cöthen-Halle-Leipziger Eisenbahn-Gesellschaft in der Generalversammlung ihrer Aktionäre vom 20. November 1862 beschlossen hat, ihr Unternehmen auf Grund des dem Gesetz vom 12. Januar cr. beigefügten Vertrages vom 25. Juni 1862 auf den Bau und Betrieb einer Eisenbahn von Halle über Nordhausen nach Heiligenstadt und von da nach Cassel auszudehnen, wollen wir der gedachten Gesellschaft hierzu, bzw. zum Bau und Betrieb dieser Eisenbahn bis zur Landesgrenze, in Gemäßheit des vorerwähnten und von Uns bestätigten Vertrages hierdurch Unsere landesherrliche Konzession erteilen …

Urkundlich unter Unserer höchsteigenhändigen Unterschrift und beigedrucktem königlichen Insiegel. Gegeben zu Berlin, den 19. Januar 1863 gez. Wilhelm gez. von Itzenplitz gez. Gr. zur Lippe"

Damit waren alle Weichen für den Bau der Eisenbahn auf preußischem Staatsgebiet gestellt. Es waren nur noch die Voraussetzungen für den Bau der Bahn auf kurhessischem Gebiet zu schaffen.

Dazu wurde zwischen dem Königreich Preußen und dem Kurfürstentum Hessen am 4. Februar 1863 ein Staatsvertrag geschlossen. Da er die wesentlichen Bestimmungen des Vertrags zwischen Preußen und der Magdeburg-Leipziger Eisenbahn-Gesellschaft (abgesehen von den Finanzierungsbestimmungen) und weitere Festlegungen, die hinsichtlich des Übergangs einer Eisenbahn vom Territorium eines Staates in einen anderen Staat des Deutschen Bundes von Interesse sind, enthält, soll auf ihn etwas ausführlicher eingegangen werden.

Eine Vielzahl von Festlegungen betraf die Sicherung eines einheitlichen Betriebs auf der gesamten Strecke, unbeschadet der Tatsache, auf welchem Territorium die Strecke verläuft.

Entsprechend waren die allgemeinen gesetzlichen Vorschriften und administrativen Grundsätze beider Staaten anzuwenden. Die Spurweite, die der noch heute üblichen entspricht, wurde vereinbart. Der Bau und der Betrieb der Bahnstrecke mußten so beschaffen sein, daß die eigenen Betriebsmittel und die fremder Bahnen ungehindert von anderen und auf andere Strekken übergehen konnten.

Die Prüfung der Betriebsmittel durch eine der beiden Regierungen genügte zur Zulassung. Auf eine Genehmigung der anderen Regierung wurde ausdrücklich verzichtet.

Im Artikel 4 des Staatsvertrags wurde festgelegt, „daß der Betrieb auf der Bahn von Halle über Nordhausen nach Cassel stets in der Hand einer Verwaltung vereinigt sei."

Zur Handhabung der Hoheits- und Aufsichtsrechte, die jeder Regierung innerhalb ihres Gebiets zustanden, wurden besondere Kommissarien bestellt. Das Oberaufsichtsrecht wurde derjenigen Regierung zugesprochen, in derem Gebiet der Sitz der Verwaltung der Bahn lag. Das war in unserem Fall die Regierung des Königreiches Preußen, auch wenn das nicht ausdrücklich genannt war.

Die bahnpolizeilichen Aufgaben und Rechte sollten von den dafür zuständigen Behörden der beiden Staaten für ihr jeweiliges Staatsgebiet gehandhabt werden. Auch die Bahnpolizei-Reglements sollten getrennt, aber nach übereinstimmenden Grundsätzen publiziert werden.

Einig war man sich auch in der Behandlung des Bahnpersonals. Es war nicht nur von „den kompetenten Behörden der betreffenden Staaten in Pflicht zu nehmen", sondern auch „wenn eine der hohen kontraktierenden Regierungen die Entfernung eines auf ihrem Gebiet stationierten Bahnbeamten oder Bedienten für angemessen erachten sollte… sofort vom Dienste abzurufen."

Fahrpläne und Tarife waren der Genehmigung der Regierung vorbehalten, in derem Gebiet die den Betrieb führende Verwaltung ihren Sitz hat. In diesem Zusammenhang wurde festgelegt, daß täglich mindestens eine zweimalige direkte Verbindung zwischen Halle und Kassel gewährleistet werden muß, ja sogar die Verbindungen unter Einbeziehung der anschließenden Bahnen so zu regeln seien, daß „zwischen Berlin einerseits und Cassel, Frankfurt und Köln sowie der preußischen Provinz Westfalen andererseits täglich mindestens zwei durchgehende Personenzüge stattfinden."

Die Gestaltung der Fahrpreise war „in ein angemessenes Verhältnis zu den Fahrpreisen der anschließenden Eisenbahnen" zu bringen.

Der Staatsvertrag enthielt, wie nicht anders zu erwarten, auch Regelungen hinsichtlich der Benutzung der Bahn zu militärischen Zwecken. Hier wurden die Gleichstellung beider Militärverwaltungen wie auch die „Pflicht zur Beförderung für Sendungen von Waffen, Kriegs- und Verpflegungsbedürfnissen sowie von Militär-Effekten jeglicher Art", ggf. durch zusätzliche Zugfahrten, vereinbart.

Abschließend wurde Preußen das Recht eingeräumt, den hessischen Anteil der Strecke für den Fall anzukaufen, daß eine preußische Gesellschaft die Konzession auch für den im Kurfürstentum Hessen verlaufenden Streckenteil erhalten möchte. Ein Schlußprotokoll zu diesem Vertrag regelte einige Unklarheiten, so hinsichtlich der Mitwirkung der Fürstlich Thurn und Taxisschen Postverwaltung, da diese nicht vor Abschluß des Vertrags zu erreichen war.

Kurfürst Friedrich Wilhelm I. von Hessen konzessionierte die Bahn auf kurhessischem Gebiet am 13. April 1864. Nähere Einzelheiten über die Linienführung der Bahn enthielt die Konzessionsurkunde nicht, sie legte aber eine Führung über Großalmerode fest. Mit Verweis auf den mit Preußen geschlossenen Staatsvertrag wurde auch der Übergangspunkt der Eisenbahn zwischen Preußen und Hessen bestimmt. Fest stand ferner, daß die Strecke hannoversches Territorium nicht berühren sollte. Deshalb war an eine Weiterführung über Witzenhausen–Großalmerode–Helsa nach Kassel gedacht, ohne daß das schon konkretisiert war. Ein Anschluß an die schon seit 1856 bestehende Linie von Göttingen nach Kassel in Hann. Münden, der 1872 zustande kam, blieb deshalb außer Betracht.

Das Anlagekapital für die Halle-Casseler Zweigbahn betrug 15 000 000 Taler. Davon übernahm der preußische Familienfideikommiß aus dem schon mehrfach erwähnten Legat 810 000 Taler. Der „verbleibende" Betrag von 14 190 000 Taler war durch Stammaktien Lit. B zu je 100 Taler aufzubringen. Dafür, jedoch nicht für die 810 000 Taler aus dem preußischen Familienfideikommiß, wurde eine Zinsgarantie von 4 % übernommen.

Aus einem 4 % überschreitenden Reinertrag sollten zunächst etwa geleistete Zuschüsse an den preußischen Staat und die Gesellschaft zurückgezahlt werden, dann sollte auf die Aktien Lit. B ein weiteres Prozent Dividende ausgeschüttet werden. Der dann noch verbleibende Überschuß sollte in drei gleiche Teile, einen für den preußischen Staat, einen für die Stammaktien Lit. B und einen für die Stammaktien Lit. A, also die Altaktien der Magdeburg-Leipziger Eisenbahn-Gesellschaft, aufgeteilt werden.

Würden fünf Jahre hintereinander Zuschüsse oder vom 6. Betriebsjahr ab einmal der volle Zuschuß erforderlich werden, dann war der Staat berechtigt, Verwaltung und Betrieb der Bahnlinie zu übernehmen.

Die Zinsgarantie erlosch dagegen, wenn, wie bereits erwähnt, zehn Jahre kein Zuschuß erforderlich gewesen wäre. Unabhängig davon stand dem preußischen Staat jedoch weiterhin der dritte Teil des 5 % überschreitenden Reingewinns zu.

5

Projektierung, Grunderwerb und Bau

Der Geschäftsbericht für das Jahr 1863 der Magdeburg-Cöthen-Halle-Leipziger Eisenbahn-Gesellschaft enthält eine genauere Beschreibung der vorgesehenen Linienführung der Halle-Casseler Zweigbahn auf preußischem Gebiet: „Die Bahn beginnt im unmittelbaren Anschluß an die Magdeburg-Cöthen-Halle-Leipziger Eisenbahn bei Halle, wo sie mit den dort bereits mündenden und noch später auszuführenden Bahnen an einen gemeinschaftlichen Perron einlaufen wird, sie verfolgt zunächst die Richtung der Thüringischen Eisenbahn, welche bei Station 36 mittels Überführung überschritten wird, wendet sich dann, die Halle-Merseburger Chaussee direkt überschreitend, nach dem Dorfe Wörmlitz und durchschneidet oberhalb derselben das zirka 500 Ruten breite Saaletal, dessen Wasserläufe mittels dreier massiver Brücken von zusammen 28 Öffnungen á 50 Fuß Bogenweite überbrückt werden.

Am linken Ufer des Tales überschreitet sie die Halle-Lauchstädter Chaussee unterhalb des Dorfes Schlettau mittels einer Unterführung, läßt hierauf das Dorf Zscherben rechts liegen und erreicht nach Überschreitung der Höhen bei Eisdorf und Neu-Pfützenburg das Mansfelder Seebecken, wo an der sogenannten Langenbogener Chaussee die erste Anhaltestelle Teutschenthal (2 $^{3}/_{8}$ Meilen von Halle) angelegt wird, um den Verkehr einer stark bevölkerten Umgebung, wo nicht minder den der überreichen Braunkohlenwerke, welche sich von Zscherben bis nach Riestädt hin vorfinden, aufzunehmen.

Von dieser Anhaltestelle werden Abzweigungen nach den königlichen und nach den Privatgruben projektiert. Von hier führt die Bahn in fast gerader Linie über Wanzleben, Amsdorf, Unterröblingen, in der Nähe des Salzigen See's nach der Anhaltestelle Ober-Röblingen (3 $^{1}/_{2}$ Meilen von Halle), welche wegen der Nähe der Städte Schraplau und Querfurt, sowie wegen des Anschlusses von Kohlengruben gewählt ist.

Die Bahn ziehe sich sodann an den Höhen bei Erdeborn und Helfta vorbei in fortwährendem Steigen nach Eisleben, die Höhe links der Stadt innehaltend, wo zwischen Helfta und Eisleben die er-

ste Bahnhofsanlage stattfindet (5 Meilen von Halle). Bei der Wahl dieses Stationspunktes ist zugleich auf einen Eisenbahn-Anschluß nach Aschersleben etc. Bedacht genommen, deren Fortführung nach Erfurt in $2^7/_8$ Meilen bis Sangerhausen mit der Halle-Casseler Bahn zusammenfallen würde. Von Eisleben windet sich die Bahn in starken Krümmungen und fortwährendem Steigen an den Höhen über die bis $94^1/_2$ Fuß tiefen Schluchten und in ebenso hohen Einschnitten über Wimmelburg nach dem sogenannten Goldgrunde bis zu der Wasserscheide (mit 1:100 steigend) bei Blankenheim, wo dieselbe mittels eines 230 Ruten langen Tunnels im Rotliegenden unterhalb des Dorfes durchbrochen wird, um von da an dem linken Höhenzuge in einer größeren Ablenkung bei Riestädt an den dortigen Kohlengruben der Mansfelder Gewerkschaft (7 Meilen von Halle) abermals in eine Haltestelle einzulaufen. Das von dem Tunnel an beginnende Gefälle von 1:100 hält bis gegen die Stadt Sangerhausen an, wo der zweite Bahnhof ($7^7/_8$ Meilen von Halle) angelegt wird.
Von hier aus tritt die Bahn in die herrlichen Fluren der Goldenen Aue, welche sie erst jenseits von Nordhausen verläßt, und erhält auf dieser Strecke Anhaltepunkte bei Wallhausen, Rossla und Heringen.
Dieses Tal bietet außer der Überbrückung der Zorge bei Heringen mittels einer schiefen Brücke von $3 \times 32^1/_2$ Fuss Durchlaß-Öffnungen keine Veranlassung zu erheblichen Arbeiten dar. Die Entfernung der gedachten Anhaltepunkte von Halle betragen bei Wallhausen $8^3/_4$ Meilen, Heringen $11^7/_8$ Meilen, Rossla 10 Meilen und für Nordhausen, wo eine größere Bahnhofsanlage stattfindet, $12^7/_8$ Meilen.
Von Nordhausen verfolgt die Bahn zunächst die fruchtbaren Fluren von Gross- und Klein-Werther mit Steigungen bis 1:120, fällt dann in den Fluren von Wollersleben, Pustleben, Mitteldorf und Oberdorf bis in das Bodetal bei Bleicherode, wo ($15^1/_4$ Meilen von Halle) die Anlage einer Haltestelle projektiert ist; sie steigt von hier wieder über Niedergebra, Obergebra und Sollstedt mit einer Haltestelle ($16^1/_2$ Meilen von Halle) und von dort über Wülfingerode, Bernterode in mässigem Steigungsverhältnis, dann aber über Gernrode, Haltestelle ($17^1/_2$ Meilen von Halle) im Verhältnis von 1:120 nach Leinefelde, der Wasserscheide des Wipper-Leine-Tales, und dem Eingangspunkte der Gotha-Göttinger Bahn, welche von hier bis Arenshausen sich mit der Halle-Casseler Bahn vereinigt. (Der Bahnhof liegt $18^1/_2$ Meilen von Halle.)
Die von hier im fortwährenden Fallen über Dorf Beuern, Kloster Beuern, Wingerode, Bodenrode, Westhausen nach Heiligenstadt mit einem Bahnhofe ($20^1/_2$ Meilen von Halle) und von da über Uder, Schönau, Hessenau nach Arenshausen im Leinetale fortzuführende Bahn erhält am letzten Orte ($22^1/_4$ Meilen von Halle) nächst Hohengandern, dem letzten preußischen und dem Ausgangspunkte der Gotha-Göttinger Bahn, einen Bahnhof welcher zugleich für die Strecke Arenshausen–Göttingen dienen wird, und beträgt sonach die für beide gedachten Bahnen gemeinschaftlich zu benutzende Strecke Leinefelde–Arenshausen $3^3/_4$ Meilen, deren Bau und Betrieb der Halle-Casseler Bahn zufällt.
Bei der Entfernung von $22^1/_2$ Meilen von Halle verläßt die Bahn das preußische Gebiet auf der Wasserscheide der Leine und Werra und wird von hierab eine Gebirgsbahn..."
Verlassen wir an dieser Stelle diese plastische Streckenbeschreibung, denn der Geschäftsbericht macht darauf aufmerksam, daß die im kurfürstlich hessischen Gebiet gelegene Strecke zwar konzessioniert war, aber seitens der Bahnverwaltung eine Modifizierung der Streckenführung beantragt sei. Zudem wurde dann von 1870 bis 1872 völlig anders gebaut.
Es wurde auch zum Ausdruck gebracht, daß „auf Wunsch des Kreises Worbis mehrfache Ermittlungen wegen Berührung der Kreisstadt Worbis haben vorgenommen werden müssen, wonach denn auch die ursprünglich gewählte Linie wenigstens um ein Erhebliches näher nach dort gelegt ist." Schon bei früheren Projekten hatte die Kreisstadt Worbis verlangt, daß sie von der Strecke Halle–Kassel unmittelbar berührt würde. Ihre Begründung ist lesenswert, macht sie doch deutlich,

wie sich in dieser Zeit die Städter den Dörflern überlegen fühlten, auch dann, wenn es sich lediglich um kleine Ackerbürgerstädte handelte: „Wenn indessen ungeachtet die Richtung über Niederorschel projektiert ist, so vermögen wir kein Grund abzusehen, weshalb diese Ortschaft Worbis vorgezogen werde, denn die Niederorscheler Linie berührt vom diesseitigen Kreise nur Bernterode, Niederorschel und Birkungen, Orte ohne jeglichen Verkehr und ohne alle Elemente zur künftigen Hebung, mit Ausnahme kleiner Landwirte, größtenteils nur mit Weber- und Arbeiterpoletariat bevölkert. Diese Ortschaften nützen somit der Bahn gar nichts, vermögen auch nicht für den Kreis wohltätig zu wirken, da es ihnen dazu an Kapital, Unternehmungsgeist, Intelligenz und vorhandene Verbindungswege fehlt ..."
Die Einsprüche halfen nicht viel. Immerhin hat die Verlegung der Strecke etwas näher zur Kreisstadt Worbis dazu geführt, daß Leinefelde einen Bahnhof erhielt, der sich zum Eisenbahnknotenpunkt des Eichsfeldes entwickelte.
Dem zügigen Bau auf allen Teilstrecken des Abschnitts Halle–Arenshausen standen insbesondere noch zwei Hemmnisse entgegen. Zum einen war das die unentgeltliche und lastenfreie Bereitstellung des Grund und Bodens für den Bahnbau. Das galt in doppelter Hinsicht. Viele Bauern weigerten sich, ihr Land herzugeben. Diese Haltung hat nichts damit zu tun, daß die Landbevölkerung dem technischen Fortschritt hemmend, ja feindlich gegenüberstand. Immerhin führte der Bahnbau zu einer beträchtlichen Reduzierung der landwirtschaftlichen Nutzfläche, die trotz der von den Kommunen zu zahlenden Entschädigungen für die Betroffenen schmerzlich war. Denn Grund und Boden waren wichtige Voraussetzungen für eine gesicherte Existenz auf dem Land. Und so gestalteten sich die Grunderwerbsverhandlungen recht schwierig, obwohl sie zum Teil schon in den fünfziger Jahren begannen. Denn zum letzten, gesetzlich verbrieften Mittel, der Enteignung, wollte man nur im Notfall greifen.
Die unentgeltliche und lastenfreie Übergabe des benötigten Landes für den Bahnbau bedeutete andererseits, daß die Entschädigung der bisherigen Landeigentümer voll zu Lasten der Kommunen ging. Sie mußten die Kosten dafür aufbringen und eventuell auf dem Grundbesitz lastende Verpflichtungen tilgen. Dem widersetzten sich anfangs vor allem die ländlichen Gemeinden, die sich von der Eisenbahn keinen Nutzen versprachen, zumal dann, wenn keine Haltestelle vorgesehen war.
Die preußische Regierung sah sich veranlaßt, die Wiederaufnahme der in der Vergangenheit ergebnislos abgebrochenen Verhandlungen mit den entsprechenden Kreisen und Gemeinden anzuordnen und dabei einige Zugeständnisse zu machen. So informierte die Nordhäuser Zeitung und Intelligenz-Blatt in einer Meldung vom 25. Juni 1863: „Bekanntlich sind die früheren Verhandlungen wegen der unentgeltlichen Bewilligung des erforderlichen Baugrundes an der hartnäckigen Weigerung zahlreicher Gemeinden, sich hierzu zu verstehen, gescheitert. Der Handelsminister scheint nun im vorliegenden Falle geneigt, von dem sonst als allgemein gültig aufgestellten Grundsatz abgehen und von der unentgeltlichen Hergabe des Grund und Bodens absehen zu wollen; dagegen wird darauf bestanden, daß die Kreise und Gemeinden wenigstens eine Zinsgewähr für das zu dem Erwerbe des nötigen Bauterrains zu verwendende Kapital übernehmen. Dahin scheinen die gegenwärtigen erneuten Verhandlungen abzuzielen."
Diese Verhandlungen waren nicht einfach. Es gab viele Widerstände zu überwinden. Viele Kommunen hatten sich in ihrer Haltung zum Grunderwerb gegenüber ihren Bürgern schon festgelegt. So hatten Magistrat und Stadtverordnete von Sangerhausen ihre Auffassung in einem Gesuch an das Präsidium des preußischen Abgeordnetenhauses vom 19. Februar 1862 veröffentlicht. Nach langer und umfangreicher Begründung mündet es in der folgenden Bitte: „Der Königlichen Staats-Regierung die Anlegung einer Eisenbahn von Halle über Nordhausen nach Cassel resp. Göttingen oder Münden auf Staats-Kosten, unter Aufhebung der von der Königlichen Staats-Regierung aufgestellten Bedingung der unentgeltlichen Landabtretung, hochgeneigt zu

empfehlen, oder eventuell der Königlichen Staats-Regierung die Konzessionierung einer Privat-Aktien-Gesellschaft unter Zusicherung einer Staats-Zins-Garantie von $4^1/_2$ % dringend ans Herz zu legen."

Was die Sangerhäuser nicht voraussehen konnten, war die Bedingung, die mit der von ihnen empfohlenen Staatszinsgarantie für eine private Bahngesellschaft verbunden war. Der Staat beabsichtigte, die von ihm zu übernehmende Zinsgarantie an die Kommunen und Kreise weiterzugeben. Das war das zweite große Hindernis, das als Voraussetzung für einen zügigen Baubeginn zu überwinden war.

Wie bereits erwähnt, wurde den Aktionären der „Halle-Casseler Zweigbahn" eine Zinsgarantie von 4 % zugesichert, unabhängig davon, ob die Bahn rentabel fahren würde oder nicht. Von diesen 4 % übernahmen der Staat $3^1/_2$ % und die Magdeburg-Leipziger Eisenbahn-Gesellschaft $^1/_2$ %. Für die vom preußischen Staat übernommene Garantie sollten letztlich die Kreise und Gemeinden in Form der Rückzinsgarantie aufkommen.

Alle auf den preußischen Staat zukommenden Lasten sollten auf diese Weise an die Kreise und Kommunen weitergegeben werden. Umgekehrt war jedoch nicht vorgesehen, daß die Kreise und die Gemeinden an dem möglichen, 5 % übersteigenden Reingewinn, beteiligt würden. Da für die ersten Betriebsjahre erfahrungsgemäß keine oder nur geringe Überschüsse zu erwarten waren, hatten die Kreise und die Gemeinden über die Rückzinsgarantie für die Verzinsung des Aktienkapitals aufzukommen.

Grunderwerb und Rückzinsgarantie beschäftigten deshalb die Kommunen sehr. Ein Bericht aus der Stadtverordnetensitzung der Stadt Nordhausen am 3. Juli 1863 soll die Sorgen und Probleme verdeutlichen: „Es haben nämlich in diesen Tagen Konferenzen zwischen den städtischen Kollegien mit dem Königl. Regierungsrat Garke stattgefunden, in denen letzterer die Forderungen der Regierung aufgestellt, welche der Magistrat mittels Schreiben vom 30. v. M. mitteilt und die im wesentlichen dahingehen: die Regierung verlangt von den Kreisen eine Rückzinsgarantie nach Maßgabe des innerhalb jeden Kreises erforderlich werdenden Kapitals für Erwerbungen des Grund und Bodens, der für unseren Kreis ca. 108 000 Taler betragen würde, ohne berechenbare Frist, indem unsere Zinsgarantie wie die des Staates erst dann aufhören soll, wenn 10 Jahre lang ein Zuschuß nicht gewesen sein wird. – Jedoch sollen die Kreise an den etwaigen zur Verteilung kommenden Überschüssen nicht partizipieren, auch soll der übrig gebliebene und unserer Bahn zufallende Teil des königl. Legats verzinst werden. Von der Stadt Nordhausen wird insbesondere verlangt, daß sie das Terrain zum Bahnhofe unentgeltlich hergebe. Dieses Terrain war neuerdings von den betreffenden Baubeamten aufgenommen und wurde der Versammlung durch die Herren Oberingenieur Illing, Baumeister Schlitte und Vermessungsrevisor Günther vorgelegt. Hiernach hat man von der Anlegung des Bahnhofs längs der Casseler Chaussee abgesehen, weil das Terrain durch diese und den Landgraben zu eingeengt liegt und einer etwaigen Erweiterung unfähig wäre. Den Bahnhof bis dicht an den Turnplatz zu legen, geht auch nicht an, weil in die Linie hinein neuerdings ein Maschinengebäude gesetzt worden, dieselbe auch bis an den Thüringer Hof zu kurz und andererseits durch Gärten und Häuser bebaut und eine Expropriation aller der darin liegenden Etablissements mit einem sehr großen Kostenaufwand nötig wäre. Dagegen empfehle sich das Terrain einige zwanzig Ruten südlicher zur Anlage, indem hier keine Gebäulichkeiten zu expropriieren wären, die Strecke der Länge nach ausreiche und seitwärts den Anbau von Betriebs- und Privatetablissements zuließe. Daher entschied sich die Versammlung mit 8 gegen 2 Stimmen für diese Linie, während die beiden diszentierenden für die nähere Linie waren. – Das zu der nun angenommenen Linie erforderliche, etwa 32 bis 35 Morgen betragende Terrain würde gegen 10 000 Thlr. kosten, welches die Regierung unentgeltlich fordert. – Nachdem sich die Herren Baubeamten wieder zurückgezogen, beriet die Versammlung weiter über die Fragen der Rückzinsgarantie. –

Zu einer solchen ist man zwar bereit, jedoch unter der Bedingung, daß die Heranziehung zu den Zuschüssen für alle Garanten eine gleichmäßige sei; auch die bedingte Verzinsung des Allerhöchsten königl. Legats zum Baufonds erscheine unvereinbar mit den Bestimmungen des Vermächtnisses. – Die Bahn wird voraussichtlich nach den bei allen Bahnen gemachten Erfahrungen anfänglich Zuschüsse erfordern, welche für die Garanten nicht unbedeutend sein würden, später, wo die Bahn frequenter und rentabler würde, fielen dann die Überschüsse dem Staate zu, der sich seine Zuschüsse zurückgarantieren ließe, ohne den Rückgaranten von den Überschüssen etwas zukommen zu lassen. Das verstoße gegen die Billigkeit. Ähnlich stehe es mit der unentgeltlichen Abtretung des Bahnhofsterrains. Dieses sei erst jetzt festgestellt, wäre dies früher und wenigstens vor der kürzlich ausgeführten Separation geschehen, dann hätte das Terrain von städtischen Ländereien aufgebracht werden können, jetzt müßte also ein großes Geldopfer zu dessen Erlangung gebracht werden, wozu man sich so ohne weiteres nicht entschließen könne, um so weniger, als man damit nur die Aktionäre der Gesellschaft beschenke und dies Verlangen nur mündlich geäußert, aber nichts in entsprechender Form gestellt worden, man also für jetzt gar keinen Grund habe, darüber zu beraten, vielmehr empfehle es sich, für heute damit zur Tagesordnung überzugehen und nur noch auszusprechen, daß die Stadt Nordhausen zu den erheblichsten Opfern im öffentlichen Interesse und zur Förderung des Bahnbaues gern bereit sei, wenn diese nur auf Billigkeit beruheten und vor der Bürgerschaft zu verantworten seien. – Die angemutete Befreiung der Bahngesellschaft von der Kommunalsteuer müsse entschieden abgelehnt werden, wenn, wie an maßgebender Stelle geäußert worden, ein Gesetz vorbereitet werde, die betr. Kommunalsteuer in Bälde aufzuheben, so werde das Opfer für die Gesellschaft auch unbedeutend sein, bleibe diese aber bestehen, dann sei es ein Widerspruch mit dem ausgesprochenen Troste, daß das Opfer für die Kommune ein unbedeutendes wäre. – Überdies sei aber das zum Bahnkörper erforderliche Terrain definitiv noch gar nicht festgestellt und das Bahnhofsprojekt ein ganz neues, noch nicht feststehendes. Die ganz genaue Feststellung des Bahnhofsgebiets sowohl, als der Längenbahn, mit einem Worte des ganzen Bahnkörpers, sei unerläßlich notwendig, wenn es sich um Gebietsabtretungen handele, damit es hier nicht so komme, wie in anderen Gegenden, namentlich in Schlesien, wo man auch nur so im Allgemeinen das Terrain zugesagt habe und hinterher das Doppelte und Dreifache des ursprünglich angenommenen Maßes für erforderlich erachtet und die Kreise genötigt worden seien, das ohne weiteres herzugeben. Hiergegen müsse man gesichert sein. ..."

So oder ähnlich reagierten viele der betroffenen Gemeinden. Insbesondere auf dem Lande waren viele Orte, so Bernterode, Gerterode, Kleinbartloff, Hausen, Birkungen, Beuren, Wingerode und Bodenrode im Eichsfeld, nicht bereit, den für den Bahnbau erforderlichen Grund und Boden kostenlos zur Verfügung zu stellen. Als Gründe wurden die hohe Schuldenlast der Gemeinden, aber auch die Verkleinerung der nutzbaren dörflichen Feldflur angeführt. So waren verschiedentlich Zwangsenteignungen nicht zu umgehen.

Der Kreis Worbis lehnte auch die Rückzinsgarantie ab, die der Kreis Nordhausen entgegen dem Votum der Stadt Nordhausen am 6. Juli 1863 übernommen hatte. So mußten alle vom Bahnbau berührten Kreise am 7. August 1863 in Nordhausen zusammenkommen. Hier war zu beraten, wie die noch offene Garantiesumme von ca. 95 000 Taler – diese Summe resultierte allerdings nicht nur aus der Weigerung des Kreises Worbis – aufgebracht werden könne. Es wurde beschlossen, daß dieser Betrag zu 30 % von der Stadt Halle, zu 15 % von der Stadt Eisleben, zu 15 % von der Mansfelder Kupferschiefer bauenden Gewerkschaft und zu 40 % von der Stadt Nordhausen zu übernehmen sei. Nur dadurch sei ein pünktlicher Baubeginn zu gewährleisten.

Zur gleichen Zeit etwa liefen die Bemühungen des Direktoriums der Magdeburg-Leipziger Eisenbahn-Gesellschaft um die Beschaffung des Aktienkapitals. In Anzeigen lud die Gesellschaft zur Ak-

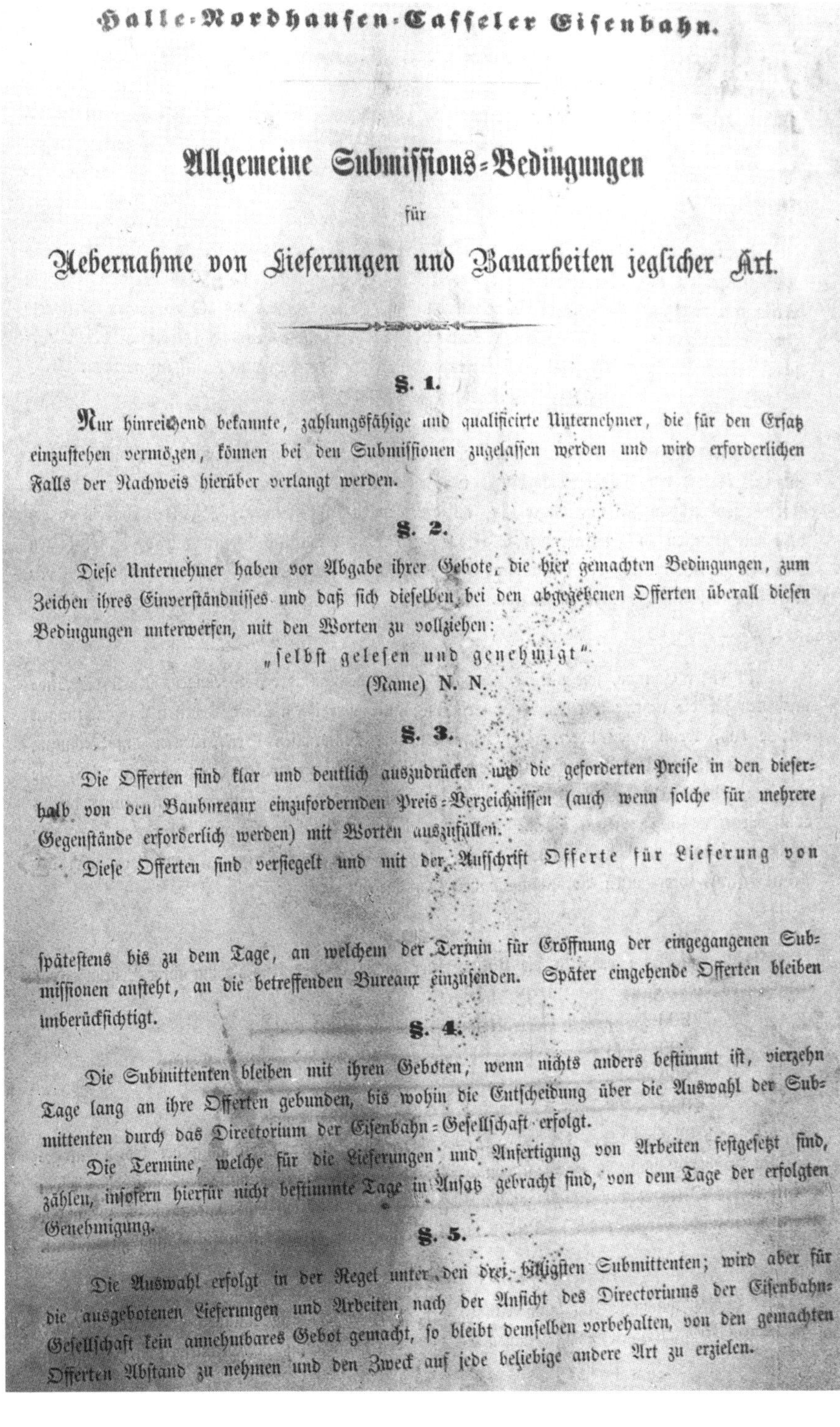

Halle-Nordhausen-Casseler Eisenbahn.

Allgemeine Submissions-Bedingungen

für

Uebernahme von Lieferungen und Bauarbeiten jeglicher Art.

§. 1.

Nur hinreichend bekannte, zahlungsfähige und qualificirte Unternehmer, die für den Ersatz einzustehen vermögen, können bei den Submissionen zugelassen werden und wird erforderlichen Falls der Nachweis hierüber verlangt werden.

§. 2.

Diese Unternehmer haben vor Abgabe ihrer Gebote, die hier gemachten Bedingungen, zum Zeichen ihres Einverständnisses und daß sich dieselben, bei den abgegebenen Offerten überall diesen Bedingungen unterwerfen, mit den Worten zu vollziehen:

„selbst gelesen und genehmigt"
(Name) N. N.

§. 3.

Die Offerten sind klar und deutlich auszudrücken und die geforderten Preise in den dieserhalb von den Baubureaux einzufordernden Preis-Verzeichnissen (auch wenn solche für mehrere Gegenstände erforderlich werden) mit Worten auszufüllen.

Diese Offerten sind versiegelt und mit der Aufschrift Offerte für Lieferung von

spätestens bis zu dem Tage, an welchem der Termin für Eröffnung der eingegangenen Submissionen ansteht, an die betreffenden Bureaux einzusenden. Später eingehende Offerten bleiben unberücksichtigt.

§. 4.

Die Submittenten bleiben mit ihren Geboten, wenn nichts anders bestimmt ist, vierzehn Tage lang an ihre Offerten gebunden, bis wohin die Entscheidung über die Auswahl der Submittenten durch das Directorium der Eisenbahn-Gesellschaft erfolgt.

Die Termine, welche für die Lieferungen und Anfertigung von Arbeiten festgesetzt sind, zählen, insofern hierfür nicht bestimmte Tage in Ansatz gebracht sind, von dem Tage der erfolgten Genehmigung.

§. 5.

Die Auswahl erfolgt in der Regel unter den drei billigsten Submittenten; wird aber für die ausgebotenen Lieferungen und Arbeiten, nach der Ansicht des Directoriums der Eisenbahn-Gesellschaft kein annehmbares Gebot gemacht, so bleibt demselben vorbehalten, von den gemachten Offerten Abstand zu nehmen und den Zweck auf jede beliebige andere Art zu erzielen.

Titelblatt der „Allgemeinen Submissions-Bedingungen..." der Halle-Nordhausen-Casseler Eisenbahn vom 15. Oktober 1863

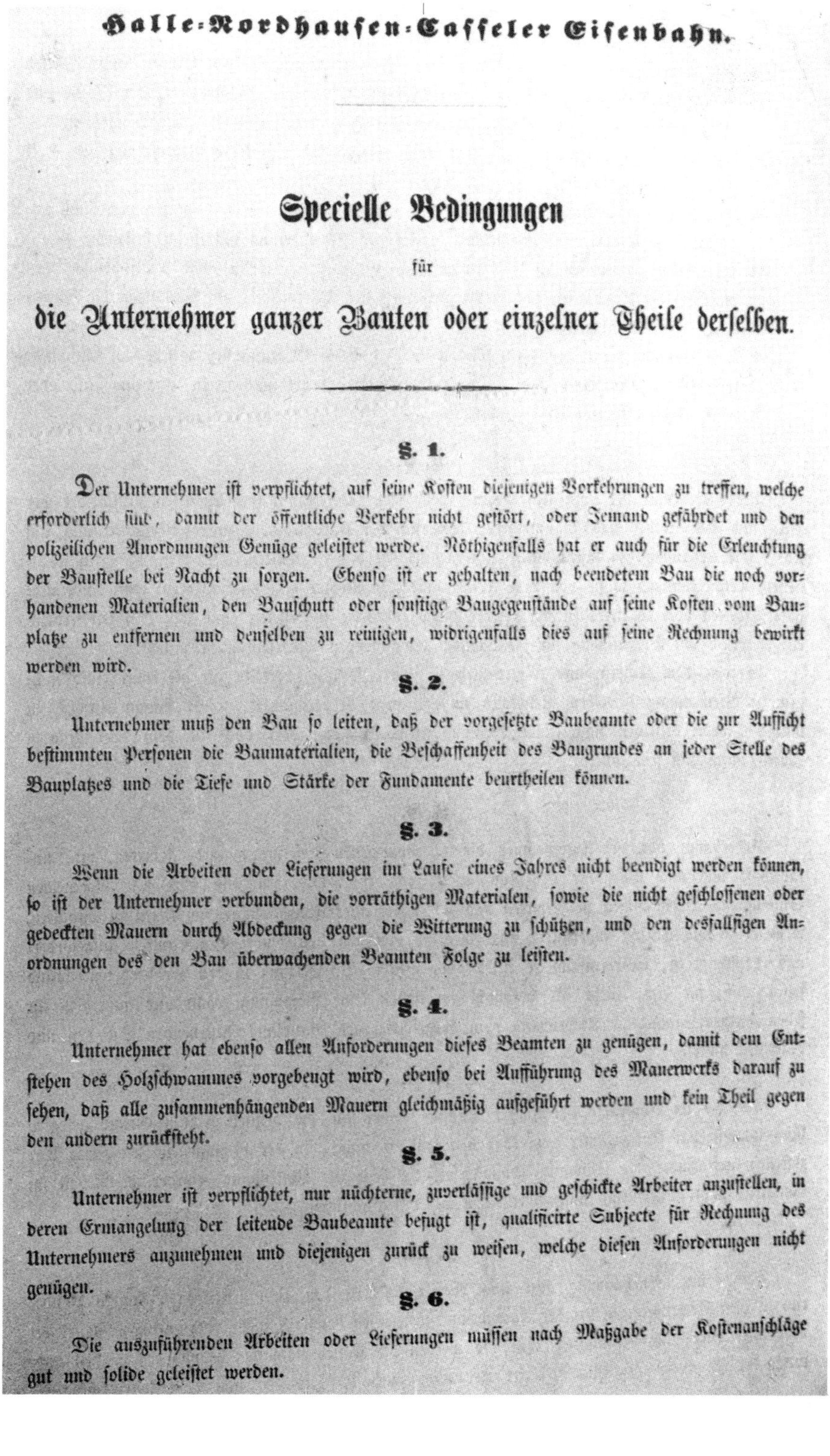

Halle=Nordhausen=Casseler Eisenbahn.

Specielle Bedingungen

für

die Unternehmer ganzer Bauten oder einzelner Theile derselben.

§. 1.

Der Unternehmer ist verpflichtet, auf seine Kosten diejenigen Vorkehrungen zu treffen, welche erforderlich sind, damit der öffentliche Verkehr nicht gestört, oder Jemand gefährdet und den polizeilichen Anordnungen Genüge geleistet werde. Nöthigenfalls hat er auch für die Erleuchtung der Baustelle bei Nacht zu sorgen. Ebenso ist er gehalten, nach beendetem Bau die noch vorhandenen Materialien, den Bauschutt oder sonstige Baugegenstände auf seine Kosten vom Bauplatze zu entfernen und denselben zu reinigen, widrigenfalls dies auf seine Rechnung bewirkt werden wird.

§. 2.

Unternehmer muß den Bau so leiten, daß der vorgesetzte Baubeamte oder die zur Aufsicht bestimmten Personen die Baumaterialien, die Beschaffenheit des Baugrundes an jeder Stelle des Bauplatzes und die Tiefe und Stärke der Fundamente beurtheilen können.

§. 3.

Wenn die Arbeiten oder Lieferungen im Laufe eines Jahres nicht beendigt werden können, so ist der Unternehmer verbunden, die vorräthigen Materialen, sowie die nicht geschlossenen oder gedeckten Mauern durch Abdeckung gegen die Witterung zu schützen, und den desfallsigen Anordnungen des den Bau überwachenden Beamten Folge zu leisten.

§. 4.

Unternehmer hat ebenso allen Anforderungen dieses Beamten zu genügen, damit dem Entstehen des Holzschwammes vorgebeugt wird, ebenso bei Aufführung des Mauerwerks darauf zu sehen, daß alle zusammenhängenden Mauern gleichmäßig aufgeführt werden und kein Theil gegen den andern zurücksteht.

§. 5.

Unternehmer ist verpflichtet, nur nüchterne, zuverlässige und geschickte Arbeiter anzustellen, in deren Ermangelung der leitende Baubeamte befugt ist, qualificirte Subjecte für Rechnung des Unternehmers anzunehmen und diejenigen zurück zu weisen, welche diesen Anforderungen nicht genügen.

§. 6.

Die auszuführenden Arbeiten oder Lieferungen müssen nach Maßgabe der Kostenanschläge gut und solide geleistet werden.

Titelblatt der „Speciellen Bedingungen für die Unternehmer ganzer Bauten oder einzelner Theile derselben" der Halle-Nordhausen-Casseler Eisenbahn vom 15. Oktober 1863

tienzeichnung für den Zeitraum vom 20. August bis zum 15. September 1863 ein. Es wurde bekanntgemacht,

- daß der in diesem Zeitraum zu zeichnende Beitrag auf 7 Millionen Taler festgesetzt sei,
- wo die Aktienzeichnung stattfinden könne,
- daß man bei Zeichnung sofort 2 % des gezeichneten Betrags in bar zu entrichten habe und
- daß etwa 8 Wochen nach Zeichnungsschluß eine erste Rate in Höhe von 10 % des Zeichnungsbetrags fällig werde, zu diesem Zeitpunkt aber auch die Zahlung des Gesamtbetrags möglich sei.

Im Jahre 1863 begannen die Bauarbeiten. Die Eisenbahn-Gesellschaft vergab die einzelnen Baulose an Bauunternehmer. Das geschah im allgemeinen in einer öffentlichen Ausschreibung nach dem Submissionsprinzip. Der Unternehmer, der das billigste Gebot machte, erhielt in der Regel den Zuschlag.

Die „Allgemeinen Submissionsbedingungen für die Übernahme von Lieferungen und Bauarbeiten jeglicher Art" sowie die „Speziellen Bedingungen für die Unternehmer ganzer Bauten oder einzelner Teile derselben" der „Halle-Casseler Zweigbahn" vom 15. Oktober 1863 bildeten die Grundlage für die Auftragsvergabe. Im Paragraphen 5 der „Allgemeinen Submissionsbedingungen" war das bereits erwähnte Vergabeprinzip für Bauleistungen festgeschrieben: „Die Auswahl erfolgt in der Regel unter den drei billigsten Submittenten; wird aber für die ausgebotenen Lieferungen und Arbeiten nach Ansicht des Direktoriums der Eisenbahn-Gesellschaft kein annehmbares Gebot gemacht, so bleibt derselben vorbehalten, von den gemachten Offerten Abstand zu nehmen und den Zweck auf jede beliebige andere Art zu erzielen."

Im Jahre 1863 begann man auch, an den Saalebrücken bei Halle und am Blankenheimer Tunnel zwischen Eisleben und Sangerhausen zu bauen. Im Mai 1864 waren die Gründungsarbeiten für die Saalebrücken bis auf wenige Pfeiler abgeschlossen, ein Teil der Pfeiler war schon fertiggestellt. So konnte im Laufe des Monats Mai

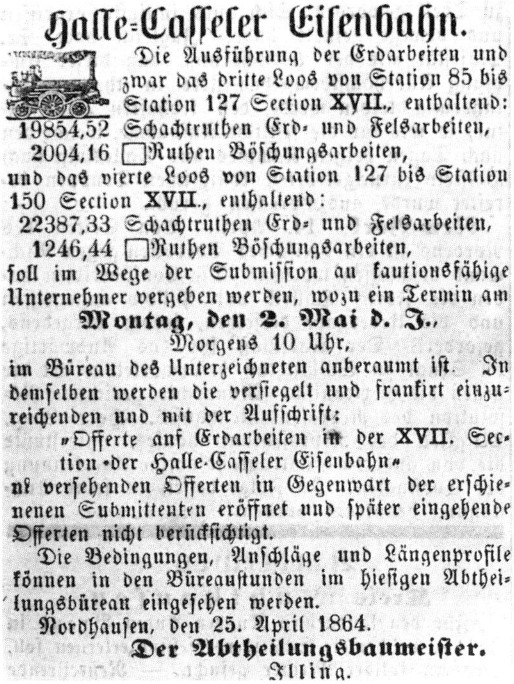

Halle-Casseler Eisenbahn.

Die Ausführung der Erdarbeiten und zwar das dritte Loos von Station 85 bis Station 127 Section **XVII.**, enthaltend:
19854,52 Schachtruthen Erd- und Felsarbeiten,
2004,16 □Ruthen Böschungsarbeiten,
und das vierte Loos von Station 127 bis Station 150 Section **XVII.**, enthaltend:
22387,33 Schachtruthen Erd- und Felsarbeiten,
1246,44 □Ruthen Böschungsarbeiten,
soll im Wege der Submission an kautionsfähige Unternehmer vergeben werden, wozu ein Termin am

Montag, den 2. Mai d. J.,
Morgens 10 Uhr,

im Büreau des Unterzeichneten anberaumt ist. In demselben werden die versiegelt und frankirt einzureichenden und mit der Aufschrift:
„Offerte auf Erdarbeiten in der **XVII.** Section der Halle-Casseler Eisenbahn"
versehenden Offerten in Gegenwart der erschienenen Submittenten eröffnet und später eingehende Offerten nicht berücksichtigt.

Die Bedingungen, Anschläge und Längenprofile können in den Büreaustunden im hiesigen Abtheilungsbüreau eingesehen werden.

Nordhausen, den 25. April 1864.

Der Abtheilungsbaumeister.
Illing.

Submissionsausschreibung aus dem Jahre 1864

mit dem Einwölben der Bögen begonnen werden.

Die Tunnelarbeiten bei Blankenheim verliefen zunächst nicht planmäßig. Es kam wegen der Schwierigkeiten bei den großen Voreinschnitten (Nässe und geologische Gründe) lediglich zu einer Durchschrammung in Richtung der Mündung des Tunnels. Außerdem mußte ein ursprünglich nicht vorgesehener Schacht von etwa 50 m Tiefe in der Tunnelmitte angelegt werden. Das waren die Voraussetzungen dafür, daß beide Mundlöcher freigelegt und von diesen aus 74 m lange Richtungsstollen vorgetrieben werden konnten.

Der Blankenheimer Tunnel bereitete auch im weiteren Bauverlauf immer wieder Schwierigkeiten. Selbst nach seiner Fertigstellung beschäftigte er die Bauausführenden durch einen Einsturz noch einmal.

Vielerorts ging die Herstellung des Planums und des Gleiskörpers einschließlich der Dammschüttungen und Einschnittbauten mit Maurer-, Tisch-

Halle-Casseler-Eisenbahn.

Zur Verpachtung von 4 Kohlenlagerplätzen auf dem hiesigen Bahnhofe durch Meistgebot habe ich auf

Donnerstag den 25 July dſs. Jrs.

Nachmittags 2 Uhr

auf dem Bahnhofe hierselbst einen Termin anberaumt, wozu Pachtlustige eingeladen werden.

Die Pachtbedingungen sind auf dem hiesigen Abtheilungs-Bureau (im Güterschuppen) einzusehen.

Heiligenstadt, den 22. Juli 1867.

Der Abtheilungs-Baumeister,
Garcke.

Verpachtungsanzeige aus dem Jahre 1867

ler-, Schlosser-, Glaser- und Malerarbeiten an den Bahnhofsgebäuden einher.

Die Masse der Erdarbeiten wurde im Akkord verrichtet. Größtenteils kamen die Arbeiter in sog. Schachten, Arbeitsgruppen von etwa 100 bis 120 Mann, zum Einsatz. Sie wurden von einem Schachtmeister geführt. Für die Gestellung der Arbeitsmittel Hacke, Schaufel und Picke waren die Arbeiter selbst verantwortlich. Der Schachtmeister erhielt von jedem Arbeiter zwischen 6 bis 9 Pfennig pro verdientem Taler. Das ergab für ihn eine Tageseinnahme von 3 bis 4 Taler.

Die Eisenbahnarbeiter rekrutierten sich zum großen Teil aus Arbeitern, die jahrelang von Baustelle zu Baustelle zogen. Darunter waren viele Ausländer, insbesondere Italiener, Kroaten und Belgier. Sie waren in Barackenlagern zusammengefaßt, um sie von der Bevölkerung weitestgehend fernzuhalten. Geschäftstüchtige Wirte, die die Kantinen betrieben, hatten Hochkonjunktur. Auch die ortsansässigen Bauern hatten ihr Gutes. An den zahlreichen Baustoff- und Erdtransporten verdienten sie eine erkleckliche Summe Geld. Nicht verschwiegen werden soll, daß viele Bauunternehmer ihren Arbeitern das schwer verdiente Geld vorenthielten oder unzulässigerweise kürzten. In den Archiven finden sich viele Bittschreiben, Beschwerden und Klagen betreffs Lohnvorenthaltungen, Lohnkürzungen und Arbeitshetze.

Trotzdem verlief der Bahnbau im großen und ganzen wie geplant. Und 1865, 1866 und 1867 konnten jeweils größere Teilabschnitte dem Betrieb übergeben werden.

Die Gesamtstrecke zwischen Halle und Kassel war jedoch erst 1872 durchgängig befahrbar. Dafür waren aber keine bautechnischen Gründe maßgebend, worüber noch zu sprechen sein wird.

6

Inbetriebnahme der Teilstrecken bis Arenshausen

Die Teilstrecke Halle–Sangerhausen der „Halle-Casseler Zweigbahn" sollte ursprünglich am 18. August 1865 in Betrieb genommen werden. Dazu kam es jedoch nicht, da der Ausbau des Stationsgebäudes in Eisleben noch nicht abgeschlossen war. Er verzögerte sich um zwei Wochen. So konnte die Abnahme der Strecke sowie der Bahnhofs- und sonstigen Dienstgebäude erst am 31. August 1865 stattfinden. An diesem Tag gab die Direktion der Magdeburg-Leipziger Eisenbahn-Gesellschaft bekannt, daß der Abschnitt Halle–Eisleben am Tag darauf, dem 1. September 1865, für den Personen- und Güterverkehr eröffnet wird. Um 7.50 Uhr fuhr der erste Zug von Halle nach Eisleben. Er bestand aus neun Wagen und war mit der Lokomotive ZYCLOP bespannt, einer von der Lokomotivfabrik A. Borsig, Berlin, am 22. Mai 1865 für die „Halle-Casseler Zweigbahn" gelieferten Güterzuglokomotive der Bauart Cn2. Nach $1^1/_2$ Stunden Fahrzeit erreichte die offizielle Eröffnungsfahrt mit hochkarätigen Gästen Eisleben.

Nachdem im Juni 1866 preußische Truppen auf der offiziell noch nicht abgenommenen Teilstrecke Eisleben–Sangerhausen–Nordhausen befördert worden waren, wurde sie am 10. Juli 1866 dem öffentlichen Verkehr feierlich übergeben.

Nun konzentrierten sich alle Anstrengungen darauf, die Bahnstrecke auf preußischem Gebiet, also bis Arenshausen, so schnell wie möglich fertigzustellen. An einem Weiterbau war die Gesellschaft vorerst nicht interessiert, wollte sie doch die politischen Veränderungen nach dem deutschen Krieg von 1866 nutzen, um eine günstigere Trassierung (statt über rein kurhessisches Gebiet) durchzusetzen.

Am 9. Juli 1867 war es dann soweit. Der Ab-

Der Bahnhof Heringen (Helme) im Jahre 1903
Foto: Sammlung Lauerwald

Das Empfangsgebäude des Bahnhofs Nordhausen. Stahlstich von 1869
Foto: Sammlung Lauerwald

Bahnhof
Gruss aus Heringen (Helme)
5/8. 03.

Der erste Lokomotivschuppen in Nordhausen, gebaut 1866
Foto: Sammlung Lauerwald

schnitt Nordhausen–Leinefelde–Arenshausen der „Halle-Casseler Zweigbahn" wurde ebenfalls dem Verkehr übergeben. Lassen wir für die drei Teileröffnungen den Bericht aus dem Obereichsfelder Kreisanzeiger von der Eröffnung des letzten Teilstücks auf „altpreußischem" Gebiet folgen: „Die Eröffnung der Eisenbahnstrecke von Nordhausen bis Arenshausen, welche auch unseren Ort (Heiligenstadt, P.L.) in das große Norddeutsche Eisenbahnnetz aufnimmt und für unsere sozialen und kommerziellen Verhältnisse von nicht untergeordneter Bedeutung sein wird, fand am 9. d. M. statt. Um 8 Uhr 27 Minuten vormittags fuhr der erste regelmäßige, mit Laubgewinden reich dekorierte Zug in der Richtung von Arenshausen nach Halle in den mit Ehrenpforten und Fahnen geschmückten Bahnhof ein, begrüßt von dem nicht endenwollenden Jubel der aus allen Ständen zahlreich vertretenen Einwohnerschaft. Der Ober-Betriebs-Direktor, Regierungsrat Pomme, sowie das gesamte höhere Betriebspersonal befand sich im Zuge, der auch von seiten des Publikums vielfach in Anspruch genommen und recht stark besetzt war. Viele unserer Mitbürger benutzten diese erste Gelegenheit, den Eröffnungszug zu begleiten und machten Ausflüge nach näher und entfernter gelegenen Bahnhöfen, so daß, wie es uns von glaubhafter Stelle berichtet wurde, an der Stationskasse bereits beim ersten Zuge eine Personengeldeinnahme von 60 Talern erzielt wurde."

Die Strecke von Halle bis Arenshausen wies zum Eröffnungszeitpunkt folgende Bahnhöfe und Haltestellen auf: Halle, Teutschenthal, Ober-Röblingen (jetzt Röblingen a. See), Eisleben, Riestedt, Sangerhausen, Wallhausen, Roßla, Heringen, Nordhausen, Wolkramshausen, Bleicherode (jetzt Bleicherode Ost), Gernrode (jetzt Niederorschel), Leinefelde, Heiligenstadt und Arenshausen. Für die Fahrt auf der 167 km langen Strecke benötigte ein Personenzug mit Unterwegshalt auf jedem dieser Bahnhöfe und Haltestellen 4 Stunden und 58 min, er erreichte also eine Reisegeschwindigkeit von gut 33 km/h.

An Betriebsmitteln für die gesamte „Halle-Casseler Zweigbahn" hatte die Direktion der Magdeburg-Leipziger Eisenbahn-Gesellschaft vorgesehen: 18 Personenzuglokomotiven, 24 Güterzuglokomotiven, vier schwere, für den Vorspann im hessischen Bergland vorgesehene Tenderlokomotiven, vier leichte Tenderlokomotiven für den Rangierdienst, zwölf zweiachsige Personenwagen mit Abteilen für die 1. und 2. Klasse, zwei zweiachsige Salonwagen, 20 Personenwagen für die 2. Klasse, 46 Personenwagen für die 3. Klasse, 36 Personenwagen für die 4. Klasse sowie acht Gepäckwagen.

Dazu sollten an Güterwagen kommen: 300 gedeckte zweiachsige Wagen, 300 offene zweiachsige Güter- und Viehwagen, 600 offene Kohlewagen mit niedrigen Aufsatzwänden, 20 Langholz- und 40 Kieswagen.

Da die Züge damals handgebremst wurden, sollten 68 Gepäck- und gedeckte Wagen mit bedeckten Schaffnersitzen und Handbremsen ausgerüstet sein. Von den offenen Wagen waren 75, von den Kohlewagen 150 und von den Kieswagen zehn, also jeweils ein Viertel der Gesamtzahl, mit Handbremsen und offenen Schaffnersitzen ausgestattet.

Für die Bau- und Unterhaltungsarbeiten sollten 25 zweiachsige Bahnmeisterwagen mit Kasten und 25 einachsige ohne Kasten beschafft werden.

1867 war von diesen Betriebsmitteln ein Großteil vorhanden. So gab es am 20. Oktober dieses Jahres 28 Lokomotiven. Davon wurden im Durchschnitt sieben auf Reserve gestellt. In Eisleben waren zwei, in Arenshausen sechs Lokomotiven stationiert, die restlichen 13 in Halle und in Nordhausen. Sie waren alle von der Firma A. Borsig in Berlin hergestellt und in den Jahren 1865 und 1866 an die Gesellschaft geliefert worden.

Die Lokomotivstationen hatten in Eisleben zwei, in Nordhausen acht, in Arenshausen vier und in Halle zehn Stände. Sie verfügten zur Wasserversorgung der Dampflokomotiven über Bassinhäuser. Weitere Wasserstationen gab es in Sangerhausen und in Leinefelde.

7

Fertigstellung und Inbetriebnahme der Gesamtstrecke

Ursprünglich sollte die Strecke von Arenshausen über Großalmerode und Helsa nach Kassel verlaufen. Sie führte durch das nordhessische Bergland, bedeutete einen beträchtlichen Umweg und hatte zusätzliche Kosten für die aufwendige Trassierung und auch für die spätere Betriebsführung zur Folge. So mußten 1865 u. a. schwere Tenderlokomotiven für den Vorspanndienst im hessischen Bergland beschafft werden.

Die Linienführung war vor allem durch politische Motive bestimmt, die Berührung des Königreichs Hannover sollte um jeden Preis vermieden werden. Das wäre bei dem kürzesten Weg über Hann. Münden jedoch der Fall gewesen.

Diese politischen Gesichtspunkte waren nach dem Deutschen Krieg von 1866 weggefallen. Preußen hatte sowohl das Königreich Hannover als auch das Kurfürstentum Hessen annektiert. Dem von der Direktion der Magdeburg-Leipziger Eisenbahn-Gesellschaft bereits mehrfach geäußerten Wunsch zur Fortsetzung der geplanten Strecke von Arenshausen direkt auf Hann. Münden zu konnte nun nähergetreten werden. So schrieb der preußische Minister für Handel, Gewerbe und öffentliche Arbeiten, von Itzenplitz, am 12. August 1866 an das Königliche Eisenbahnkommissariat in Berlin: „Die veränderte politische Lage der Verhältnisse macht es zulässig, die von dem Direktorium der Magdeburg-Leipziger Eisenbahn-Gesellschaft seinerzeit befürwortete Fortsetzung der Halle-Nordhausen-Arenshauser Eisenbahn nach Hannoversch Münden statt nach Cassel in nochmalige Erwägung zu ziehen.

Das Königliche Eisenbahn-Kommissariat hat zu diesem Zwecke von dem Direktorium die betreffenden Vorarbeiten schleunigst einzufordern und einzureichen. Es wird vorausgesetzt, daß in dem Projekte das Steigungsverhältnis von 1 zu 100 nirgends überschritten wird, selbst wenn, um dieses zu erreichen, schon bei Hohengandern Hannoversches Gebiet berührt werden müßte."

Das war ganz im Sinne der Bahngesellschaft, die in dieser Hinsicht sofort wirksam wurde. Zwar dämpfte Itzenplitz in seinem Schreiben vom 8. September 1866, an das Königliche Eisenbahnkommissariat allzu großen Optimismus. Er teilte

Magdeburg-Cöthen-Halle-Leipziger Eisenbahn.

Am **13. März d. J.** ist der Personen- und Güter-Verkehr auf der Strecke **Arenshausen-Münden** unserer **Halle-Casseler Zweigbahn** mit den Stationen Witzenhausen, Hedemünden und Münden eröffnet und hierdurch der directe Anschluß nach Cassel erreicht.

Mit obigem Tage ist der unterm 16. v. M. publicirte Fahrplan in Kraft getreten.

In Betreff der im Personen-, Gepäck- und Güter-Verkehre mit den neuen Stationen zur Anwendung kommenden Tarifsätze beziehen wir uns auf die Bekanntmachungen vom 23. und 27. v. M. in der Magdeburgischen Zeitung, dem Magdeburger Correspondenten, den Leipziger Nachrichten, dem Leipziger Tageblatt, der Nordhäuser Zeitung, dem Nordhäuser Courier und der Casseler Tagespost.

Magdeburg, den 27. März 1872.

Directorium.

Anzeige über die Eröffnung des Teilstücks Arenshausen–Hann. Münden am 13. März 1872

mit, daß er das Kommissariat zwar ermächtige, der Gesellschaft „die Anfertigung der Vorarbeiten zur Fortsetzung der Bahn von Halle nach Arenshausen über Witzenhausen, im Werratale entlang, nach Münden mit Anschluß an die Hannoversche Südbahn für Rechnung der Gesellschaft zu gestatten." Daraus könne jedoch nicht geschlußfolgert werden, daß diese Strecke anstelle der geplanten über Großalmerode konzessioniert werde.

Die Direktion der Magdeburg-Leipziger Eisenbahn-Gesellschaft veranlaßte sofort die entsprechenden Vorarbeiten. Dabei wurde auf eine Linie entlang dem rechten Werraufer über Hedemünden orientiert. Das bedeutete, daß die Stadt Witzenhausen von der Bahn nicht unmittelbar berührt, sondern ihr Bahnhof in einiger Entfernung vom Ort vorgesehen würde.

Die von der Direktion der Bahngesellschaft über das Eisenbahnkommissariat an das zuständige preußische Ministerium für Handel, Gewerbe und öffentliche Arbeiten am 20. November 1866 eingereichten Vorarbeiten wurden gründlich geprüft. Sie wurden am 21. Februar 1867 zurückgegeben. Zugleich bestimmte das Ministerium, daß an der über ehemals kurhessisches Territorium führenden Planung der Strecke über Witzenhausen und Großalmerode festgehalten werde. Die Unterlagen sollten unverzüglich wieder vorgelegt und einer landespolizeilichen Prüfung unterzogen werden.

Zwischen der Direktion der Magdeburg-Leipziger Eisenbahn-Gesellschaft und dem Ministerium für Handel, Gewerbe und öffentliche Arbeiten begann nun ein langwieriges Ringen um die Linienführung. Die Gesellschaft sah keine Veranlassung, von der kürzeren, nach Hann. Münden führenden Linie abzugehen. Solange nicht in ihrem Sinne entschieden wurde, verzögerte sie den Weiterbau der Bahn in Richtung Kassel.

Die Gesellschaft erwies sich als stärker. Am 14. April 1868 rückte der zuständige preußische Minister, von Itzenplitz, von der Linie über Großalmerode ab. Er bestand aber darauf, daß die Stadt Witzenhausen ihren Bahnhof auf dem linken Ufer der Werra erhalten sollte. Das hätte zwei aufwendige Werraüberquerungen mittels Kunstbauten zur Folge gehabt. Doch auch hier führten Verhandlungsgeschick und Verzögerungstaktik dazu, daß die Magdeburg-Leipziger Eisenbahn-Gesellschaft ihre Vorstellungen durchsetzen konnte.

1869 begann mit Intensität der Bau des Abschnitts von Arenshausen über Hedemünden nach Hann. Münden, und zwar rechts der Werra. Dabei wurde nicht das rechtsseitige enge Tal genutzt, sondern es wurde auf der Abbruchkante des durch die Werra begrenzten Berglands trassiert.

Am 13. März 1872 war es soweit. Mit der feierlichen Eröffnung des Teilstücks Arenshausen–Hann. Münden und der Einmündung der „Halle-Casseler Zweigbahn" in Hann. Münden in das Teilstück Hann. Münden–Kassel der Hannoverschen Südbahn, die 1866 in Besitz des preußischen Staats gelangt war, konnte die Strecke nun endlich auf ihrer ganzen Länge benutzt werden. Wenn auch das letzte Stück zwischen Hann.

Magdeburg-Cöthen-Halle-Leipziger Eisenbahn.

Am Mittwoch, den 24. April d. Js., eröffnen wir den eigenen Betrieb auf der Strecke **Münden-Cassel** der **Halle-Casseler Zweigbahn.** Es kommen alsdann im Personen-, Gepäck- und Güter-Verkehre mit den neuen Stationen **Kragenhof** und **Cassel** die bereits früher publicirten Tarifsätze zur Anwendung und an Stelle des bisherigen Fahrplans tritt der folgende:

Fahrplan der Halle-Casseler Eisenbahn.

I. Richtung Halle-Cassel.

		I. Vrm.	III. Vrm.	V. Vrm.	VII. Nchm.	IX. Nchm.
Halle . . .	Abf.	—	—	8_{40}	2_{0}	8_{35}
Teutschenthal .	„	—	—	9_{1}	2_{24}	8_{58}
Oberröblingen .	„	—	—	9_{12}	2_{37}	9_{10}
Eisleben . .	„	—	—	9_{37}	3_{4}	9_{36}
Riestedt . .	„	—	—	10_{1}	3_{30}	10_{0}
Sangerhausen .	„	—	—	10_{14}	3_{43}	10_{13}
Wallhausen .	„	—	—	10_{24}	3_{55}	10_{24}
Rossla . . .	„	—	—	10_{37}	4_{10}	10_{38}
Heringen . .	„	—	—	10_{54}	4_{29}	10_{55}
Nordhausen .	Ank.	—	—	11_{4}	4_{40}	11_{5}
" .	Abf.	6_{0}	—	11_{23}	5_{5}	—
Wolkramshausen	„	6_{12}	—	11_{40}	5_{17}	—
Bleicherode .	„	6_{26}	—	11_{59}	5_{31}	—
Sollstedt . .	„	6_{37}	—	12_{14}	5_{41}	—
Gernrode . .	„	6_{51}	—	12_{33}	5_{55}	—
Leinefelde . .	Ank.	7_{3}	—	12_{52}	6_{7}	—
" . .	Abf.	7_{23}	11_{53}	1_{2}	6_{12}	—
Heiligenstadt .	„	7_{52}	12_{12}	1_{29}	6_{33}	—
Arenshausen .	Ank.	8_{11}	12_{26}	1_{48}	6_{47}	—
" .	Abf.	8_{26}	—	2_{11}	6_{57}	—
Witzenhausen .	„	8_{43}	—	2_{24}	7_{15}	—
Hedemünden .	„	9_{1}	—	2_{38}	7_{34}	—
Münden . .	„	9_{20}	—	2_{55}	7_{54}	—
Kragenhof . .	„	9_{39}	—	3_{14}	8_{13}	—
Cassel . . .	Ank.	9_{54}	—	3_{29}	8_{28}	—

II. Richtung Cassel-Halle.

		II. Vrm.	IV. Vrm.	VI. Vrm.	VIII. Nchm.	X. Nchm.
Cassel . . .	Abf.	—	—	6_{34}	12_{29}	3_{54}
Kragenhof . .	„	—	—	6_{52}	12_{47}	4_{11}
Münden . .	„	—	—	7_{15}	1_{10}	4_{32}
Hedemünden .	„	—	—	7_{32}	1_{26}	4_{48}
Witzenhausen .	„	—	—	7_{52}	1_{45}	5_{7}
Arenshausen .	Ank.	—	—	8_{8}	2_{1}	5_{23}
" .	Abf.	4_{41}	—	8_{26}	2_{15}	5_{28}
Heiligenstadt .	„	4_{59}	—	8_{46}	2_{39}	5_{47}
Leinefelde . .	Ank.	5_{22}	—	9_{9}	3_{8}	6_{10}
.	Abf.	—	—	9_{15}	3_{23}	6_{16}
Gernrode . .	„	—	—	9_{26}	3_{36}	6_{27}
Sollstedt . .	„	—	—	9_{39}	3_{52}	6_{39}
Bleicherode .	„	—	—	9_{54}	4_{10}	6_{54}
Wolkramshausen	„	—	—	10_{8}	4_{30}	7_{8}
Nordhausen .	Ank.	—	—	10_{20}	4_{46}	7_{20}
" .	Abf.	—	5_{5}	10_{40}	5_{10}	—
Heringen . .	„	—	5_{17}	10_{52}	5_{21}	—
Rossla . . .	„	—	5_{37}	11_{10}	5_{40}	—
Wallhausen .	„	—	5_{51}	11_{23}	5_{53}	—
Sangerhausen .	„	—	6_{8}	11_{39}	6_{8}	—
Riestedt . .	„	—	6_{25}	11_{55}	6_{25}	—
Eisleben . .	„	—	6_{54}	12_{23}	6_{54}	—
Oberröblingen .	„	—	7_{10}	12_{39}	7_{10}	—
Teutschenthal .	„	—	7_{24}	12_{53}	7_{23}	—
Halle . . .	Ank.	—	7_{50}	1_{19}	7_{50}	—

Magdeburg, den 21. April 1872. **Directorium.**

Fahrplan der Gesamtstrecke, gültig ab 24. April 1872

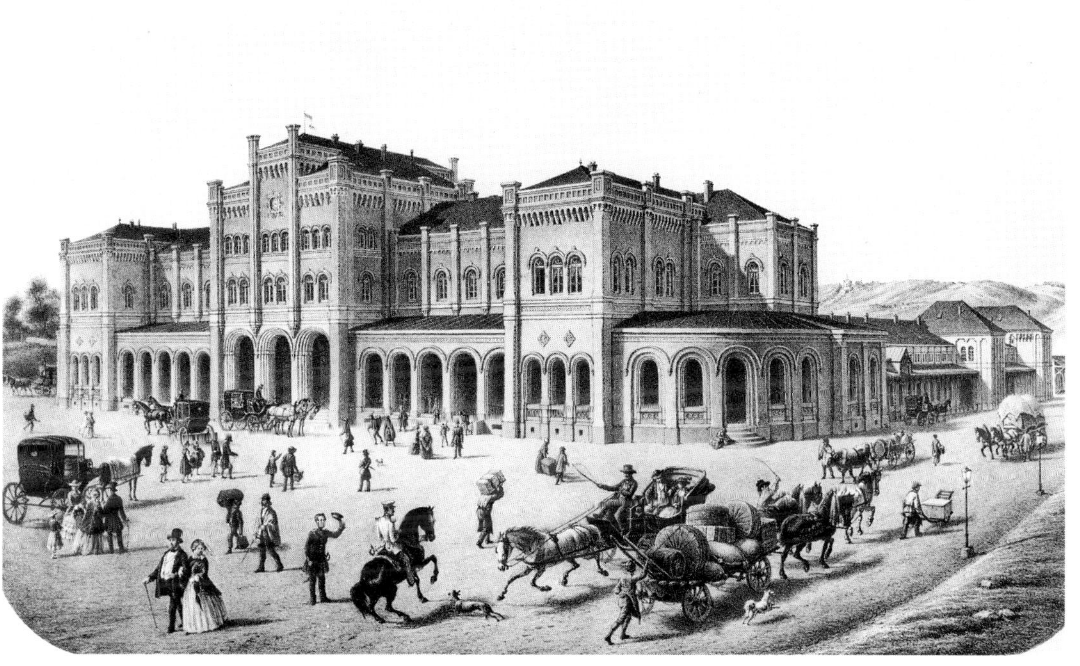

Der Hauptbahnhof in Cassel um 1870
Foto: Bundesbahndirektion Frankfurt am Main

Münden und Kassel nicht der Magdeburg-Leipziger Eisenbahn-Gesellschaft gehörte, konnte sie ihre Vorstellungen hinsichtlich der Streckenführung doch weitestgehend verwirklichen.

Die Kosten für das letzte Teilstück betrugen 2,5 Millionen Taler. Mit Witzenhausen und Hedemünden waren zwei weitere Bahnhöfe bzw. Haltestellen zu denen der „Halle-Casseler Zweigbahn" hinzugekommen. Das Teilstück der Hannoverschen Südbahn verfügte mit Hann. Münden, Kragenhof und Kassel über drei weitere Zugangsstellen zum Eisenbahnnetz und in Kassel über den Anschluß an die Friedrich-Wilhelm-Nordbahn.

An dieser Stelle sei ein kurzer Blick auf die Geschichte des uns interessierenden Teilstücks der Hannoverschen Südbahn gestattet.

Das Königreich Hannover erstrebte mit dem Bau der Hannoverschen Südbahn von Hannover über Göttingen nach Kassel den Anschluß an das Eisenbahnnetz Kurhessens. Bereits in den vierziger Jahren war sie geplant und ihre Errichtung durch entsprechende Vereinbarungen mit Kurhessen gesichert. Die politischen Ereignisse des Jahres 1848 verzögerten allerdings den Bau der „Südbahn von Hannover nach Cassel". Erst im Frühjahr 1851 wurde mit dem Bau begonnen. Ihr letzter, 24,2 km langer Abschnitt von Hann. Münden nach Kassel wurde am 23. September 1856 eröffnet. Der erste Probezug hatte Kassel von Hann. Münden aus bereits am 11. August 1856 erreicht.

Hann. Münden war am 8. Mai 1856 mit der Inbetriebnahme des Teilstücks Göttingen–Dransfeld–Hann. Münden zum Bahnhof geworden.

Bis Kragenhof verlief die Hannoversche Südbahn auf hannoverschem, von dort bis Kassel auf kurhessischem Gebiet. Die Gesamtstrecke bis Kassel wurde trotzdem voll auf Kosten der Hannoverschen Staatsbahn gebaut, die auch die Betriebsführung auf der gesamten Strecke innehatte.

Auf dem Teilstück zwischen Hann. Münden und Kassel war mit dem Bau der Brücke über das Fuldatal bei Kragenhof ein besonders aufwendiges Kunstbauwerk zu errichten. Die Brücke ist 34 m

Die Eisenbahnbrücke über die Fulda bei Kragendorf um 1900
Foto: Sammlung Lauerwald

hoch und 120 m lang. Am 29. September 1855, also ein Jahr vor Aufnahme des Zugbetriebs, wurde die Fertigstellung des Bauwerks mit einer feierlichen „Schlußsteinsetzung" begangen.

Der Bahnhof Kassel Hauptbahnhof, der damals noch nicht so hieß, bestand seit 1848. In jenem Jahr war die durchgehende Verbindung von Carlshafen über Hümme–Hofgeismar nach Kassel eröffnet worden.

Die ersten Züge, die ab 13. März 1872 zwischen Halle und Kassel durchgehend verkehrten – es waren in jeder Richtung täglich zwei – benötigten für die 218 km lange Strecke etwa $6^1/_2$ Stunden, hatten also eine Reisegeschwindigkeit von etwa 33 km/h.

Mit der Eröffnung des eingleisigen Teilstücks Arenshausen–Hann. Münden konnte gleichzeitig das zweite Gleis zwischen Hann. Münden und Kassel in Betrieb genommen werden.

8

Die Strecke bis zur Verstaatlichung

Der Personen- und auch der Güterverkehr nahmen bereits in den Jahren 1866 bis 1868 spürbar zu. Verkehrte ursprünglich nur ein Güterzugpaar, mußte schon im Mai 1868 ein zweites eingelegt werden. Gleichermaßen reichten die Güterverkehrsanlagen bald nicht mehr aus.

Die Direktion der Magdeburg-Leipziger Eisenbahn-Gesellschaft wandte sich deshalb am 13. Dezember 1867 an das Königliche Eisenbahnkommissariat Berlin mit der Bitte, die Erweiterung des Güterschuppens in Nordhausen zu genehmigen. Dieser 42 Fuß breite und 111 $^{1}/_{2}$ Fuß lange (rund 13,2 × 35 m) Schuppen genügte nicht mehr. Dem Antrag wurden die Umschlagszahlen von Oktober 1867 beigefügt. In diesem Monat kamen 34 513 Zentner Stückgut mit 4 647 Frachtbriefen an, versandt wurden 34 912 Zentner mit 7 834 Frachtbriefen. Bei 27 Arbeitstagen dieses Monats war das eine tägliche Durchschnittsleistung von 1 278 Zentner im Empfang und 1 293 Zentner im Versand. Dazu kam die Spezifik des Versandgutes, das eine größere Lagerfläche brauchte. „Die 47 Branntweinfabriken versenden den Branntwein meist in einzelnen, kleinen Gebinden, welche, weil sie nicht wohl aufeinander gepackt werden können, den Raum um so mehr beengen."

Am 30. Dezember 1867 genehmigte das Königliche Eisenbahnkommissariat die Vergrößerung des Güterschuppens und gestattete, dafür 7 500 Taler aus dem Baufonds der „Halle-Casseler Zweigbahn" zu entnehmen.

Auch der Personenverkehr brachte einen erheblichen Zuwachs. Damals verkehrten zwischen den Endpunkten der Bahn in jeder Richtung zwei Züge. Dazu kam je ein weiteres Zugpaar zwischen dem jeweiligen Endpunkt und Nordhausen.

An Sonn- und Feiertagen wurden zusätzliche Züge eingelegt. Am 11. Juni 1868 besuchten beispielsweise 550 Eislebener Bürger mit einem Sonderzug die Stadt Nordhausen. Am 5. Juli desselben Jahres brachte ein Sonderzug 759 Personen nach Kassel. Da die Strecke zu diesem Zeitpunkt noch nicht durchgängig fertiggestellt war, fuhr dieser Sonderzug über Arenshausen–Göttingen–Dransfeld–Hann. Münden nach Kassel.

Die Fahne der Halle-Casseler Eisenbahn, Vorderseite

...und Rückseite (von 1876)
Fotos: Junker

Fahr-Plan
für die Bahnstrecke von Halle nach Göttingen.
Eröffnung am 1. August 1867.

Von Halle nach Göttingen		Personenzüge I.	III.	V.	VII.
		Vorm. U. M.	Vorm. U. M.	Nachm. U. M.	Abends U. M.
Halle	Abfahrt	— —	7 44	1 44	7 34
Teutschenthal	"	— —	8 9	2 9	8 7
Ober-Röblingen	"	— —	8 22	2 23	8 20
Eisleben	"	— —	8 48	2 49	8 46
Riestedt	"	— —	9 13	3 15	9 11
Sangerhausen	"	— —	9 27	3 30	9 25
Wallhausen	"	— —	9 38	3 42	9 36
Roßla	"	— —	9 53	3 57	9 51
Heringen	"	— —	10 11	4 16	10 9
Nordhausen	"	6 15	10 31	4 36	10 19 Ank.
Wolframshausen	"	6 30	— —	4 52	— —
Bleicherode	"	6 47	11 1	5 16	— —
Gernrode	"	7 15	— —	5 44	— —
Leinefelde	"	7 34	11 46	6 1	— —
Heiligenstadt	"	7 57	12 9	6 24	— —
Arenshausen	"	8 17	12 29	6 42	— —
Friedland	"	8 29	— —	6 54	— —
Obernjesa	"	8 39	— —	7 4	— —
Göttingen	Ankunft	8 51	12 59	7 16	— —

Von Göttingen nach Halle		Personenzüge II.	IV.	VI.	VIII
		Vorm. U. M.	Vorm. U. M.	Nachm. U. M.	Abends U. M.
Göttingen	Abfahrt	— —	7 33	3 11	7 46
Obernjesa	"	— —	7 47	— —	8 —
Friedland	"	— —	7 57	— —	8 10
Arenshausen	"	— —	8 12	3 46	8 27
Heiligenstadt	"	— —	8 35	4 9	8 50
Leinefelde	"	— —	9 9	4 43	9 24
Gernrode	"	— —	9 21	— —	9 36
Bleicherode	"	— —	9 47	5 19	10 2
Wolframshausen	"	— —	10 3	— —	10 18
Nordhausen	"	4 45	10 21	5 51	10 31 Ank.
Heringen	"	4 57	10 33	6 3	— —
Roßla	"	5 18	10 54	6 24	— —
Wallhausen	"	5 32	11 8	6 38	— —
Sangerhausen	"	5 49	11 25	6 55	— —
Riestedt	"	6 4	11 40	7 10	— —
Eisleben	"	6 34	12 10	7 40	— —
Ober-Röblingen	"	6 50	12 26	7 56	— —
Teutschenthal	"	7 3	12 39	8 9	— —
Halle	Ankunft	7 25	1 1	8 31	— —

„Fahr-Plan für die Bahnstrecke von Halle nach Göttingen" vom 1. August 1867

Die Einnahmen auf der „Halle-Casseler Zweigbahn" stiegen von Jahr zu Jahr. 1868 waren es beispielsweise 680 000 Taler, im Jahr darauf ca. 800 000 Taler. Damit deckten die Einnahmen bis Ende 1869, also schon vor Vollendung der Gesamtstrecke, die Betriebsausgaben und die 4 %ige Verzinsung des Anlagekapitals in Höhe von 10 Millionen Taler.
An die Eröffnung der Zweigbahn Gotha–Leinefelde der Thüringischen Eisenbahngesellschaft, der Bahnlinie Nordhausen–Northeim und der Nordhausen-Erfurter Eisenbahn knüpfte man die Erwartung, daß die Bahn im Jahre 1871, nach ihrer Vollendung über Hann. Münden nach Kassel, eine der gesichertsten Kapitalanlagen sei. Die Geschäftsberichte der folgenden Jahre bestätigten das. Sie weisen für 1870 einen Überschuß von 603 245 Taler aus, für 1871 697 696 Taler, für 1873 475 188 Taler, für 1874 566 676 Taler und für das Jahr 1875 1 385 605 Mark.
Das Haltestellen- und Bahnhofsnetz erweiterte sich, abgesehen von den jeweiligen Teilinbetriebnahmen, lediglich um den Bahnhof Sollstedt zwischen Bleicherode und Gernrode. Er wurde am 20. November 1868 eröffnet. Diese offensichtlich verspätete Inbetriebnahme gut ein Jahr nach dem Abschnitt Nordhausen–Arenshausen scheint ihre Gründe in der Beschaffung des Geländes und der von der Eisenbahn-Gesellschaft geforderten Gelder zu haben. Erst nachdem es der Gemeinde Sollstedt gelungen war, mit privaten Zuschüssen ihren Verpflichtungen nachzukommen, wurden die Wärterhäuschen und das steinerne Bahnhofsgebäude, das heute noch vorhanden, aber durch Anbau ergänzt ist, errichtet. Am 20. November 1868 hielt früh um 7.00 Uhr der erste Personenzug und brachte der damals 692 Einwohner zählenden Gemeinde den Eisenbahnanschluß.
Wichtiger waren für die wachsende verkehrliche Bedeutung der Bahn die Einmündungen anderer

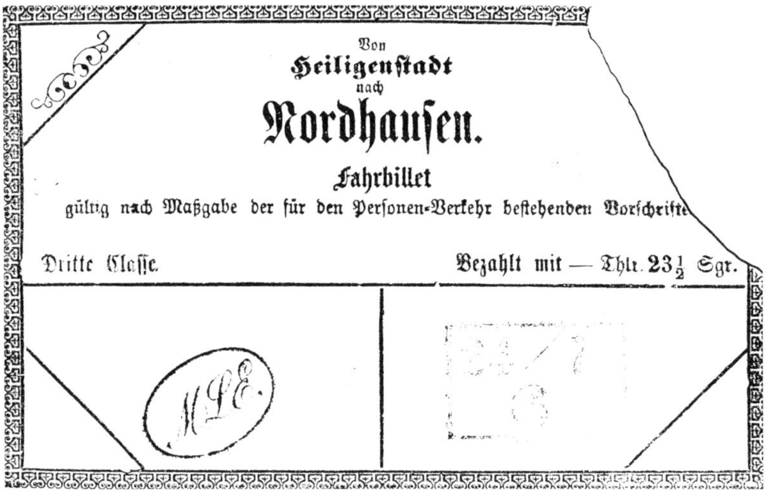

Von
Heiligenstadt
nach
Nordhausen.
Fahrbillet
gültig nach Maßgabe der für den Personen-Verkehr bestehenden Vorschrift
Dritte Classe. Bezahlt mit — Thlr. 23½ Sgr.

Fahrbillett von Heiligenstadt nach Nordhausen vom 24. Juli 1868. Die fehlende Ecke ist bei der Kontrolle abgerissen worden.

Bahnstrecken. So wurde am 1. August 1867 die Strecke von Arenshausen nach Göttingen über Friedland in Betrieb genommen. Gleichzeitig begann der durchgehende Zugverkehr auf der Gesamtstrecke Halle–Arenshausen–Göttingen. Arenshausen war damals noch als Kreuzungspunkt der Ost-West-Linie Halle–Kassel mit der Nord-Süd-Linie Göttingen–Bebra vorgesehen, der auf preußischem Gebiet liegen sollte. Diese Planungen waren nach dem Krieg 1866 hinfällig geworden. Ein erster Entwurf mit der Verlegung des Kreuzungspunkts von Arenshausen nach Eichenberg stammt vom 28. Januar 1868. Vollendete Tatsachen wurden mit der Eröffnung des Abschnitts Friedland–Niederhone (heute Eschwege West) am 15. Mai 1876 der Eisenbahn Göttingen–Bebra geschaffen. Damit wurde Eichenberg zum besagten Kreuzungspunkt, und die Verbindungsstrecke zwischen Arenshausen und Friedland verlor ihre Bedeutung, sie wurde im Jahre 1884 stillgelegt. Ihre Gleisanlagen wurden von Arenshausen aus zur Bedienung von Gleisanschlüssen in Niedergandern und Hottenrode noch bis in die vierziger Jahre unseres Jahrhunderts genutzt.

Am 17. August 1869 wurde die Strecke Erfurt–Nordhausen der privaten Nordhausen-Erfurter Eisenbahn dem Verkehr übergeben. Da diese von Nordhausen bis Wolkramshausen das Planum der „Halle-Casseler Zweigbahn" nutzte, wurde dieser Abschnitt zweigleisig ausgebaut.

Die Eröffnung der Strecken Nordhausen–Northeim am 1. August 1869 und Gotha–Leinefelde der Thüringischen Eisenbahngesellschaft am 3. Oktober 1870 wertete die „Halle-Casseler Zweigbahn" weiter auf und war ein erster Schritt, die beiden Bahnhöfe Nordhausen und Leinefelde zu Eisenbahnknoten des Nordthüringer Raums werden zu lassen.

In Wolkramshausen befand sich eine Zuckerfabrik, die ebenfalls Gleisanschluß wünschte. Bahnhof und Ort lagen fast 3 km voneinander entfernt. Die Zuckerfabrik ließ deshalb 1872 die „Roßbahn" vom Bahnhof zur Zuckerfabrik erbauen. Mit bis zu acht Pferden vor einem Güterwagen – es war eine beträchtliche Steigung zu überwinden – wurde die Bahn befahren. Nach 1885 wurde eine kleine Dampflokomotive beschafft, so daß der Pferdebetrieb abgelöst wurde.

Der Verkehr auf der Strecke nahm weiterhin zu. Mit der Eröffnung der Gesamtstrecke 1872 verkehrten in jeder Richtung vier Personenzüge, darunter ein Schnellzug zwischen Leipzig und Kassel.

Die Direktion der Bahn hatte zu diesem Zeitpunkt, wohl auch auf Druck der Öffentlichkeit, den teilweisen Bau eines zweiten Gleises beantragt. Das Planum dafür war von Anfang vorhanden, und die Regierung stimmte dem Antrag zu.

Im Mai 1872 wurde mit den Bauarbeiten zwischen Wallhausen und Heringen begonnen. Mit dem vorhandenen zweiten Gleis zwischen Hann. Münden und Kassel sowie Nordhausen und Wolkramshausen wurde damit der zweigleisige Ausbau der Strecke vorangetrieben.
Im Herbst 1874 begann zwischen Riestedt und Sangerhausen der Bau des zweiten Gleisen, das ab 1. November 1874 voll genutzt wurde.
Der Verkehrszuwachs zwang auch zu Überlegungen, neue Stationierungsmöglichkeiten für Lokomotiven zu schaffen. Die zu erwartenden höheren Belastungen der Streckenabschnitte um Blankenheim waren Anlaß, 1872 mit dem Bau einer Lokstation mit Betriebswerkstätte für Rangier- und Schiebelokomotiven in Oberröblingen (heute Röblingen a. See) zu beginnen. Nach vierjähriger Bauzeit wurde sie mit einem dreigleisigen Lokschuppen 1876 dem Betrieb übergeben. Zunächst waren hier zwei Lokomotiven stationiert.
Die ersten Jahre der „Halle-Casseler Zweigbahn"

Inserate.

Halle=Casseler Eisenbahn.

Am 1. August d. J. tritt gleichzeitig mit der Betriebs=Eröffnung der Bahn von Nordhausen nach Northeim für die Halle Casseler Bahn ein neuer Fahrplan in Kraft und fahren die Personenzüge nach folgendem Fahrplan:

	Zug I.	Zug III.	Zug V.	Zug VII.
von Halle	—	8,- V.	2,- N.	8,35 Ab.
in Nordhausen	—	10,25 V.	4,40 N.	11,- Ab.
von Nordhausen	6,20 V.	10,45 V.	5,6 N.	—
in Göttingen	8,52 V.	2,54 N.	7,23 Ab.	—
	Zug II.	**Zug IV.**	**Zug VI.**	**Zug VIII**
von Göttingen	—	7,47 V.	1,21 N.	7,46 Ab.
in Nordhausen	—	10,20 V.	4,46 N.	10,19 Ab.
von Nordhausen	4,30 V.	10,40 V.	5,6 N.	—
in Halle	7,10 V.	1,19 N.	7,50 Ab.	—

Sämmtliche Züge haben in Göttingen Anschluß von und nach Cassel, in Nordhausen von und nach Northeim, in Halle von und nach Magdeburg, Leipzig und Berlin. Nur Zug VI erreicht in Halle keinen Anschluß nach Berlin.

Das Nähere ergeben die auf den Stationen aushängenden Fahrpläne, welche bei den Billet=Expeditionen zu dem Preise von 1 Sgr. pro Stück auch käuflich zu haben sind.

Magdeburg, den 29. Juli 1869.

Das Directorium der Magdeburg=Cöthen=Halle=Leipziger Eisenbahn=Gesellschaft.

Fahrplananzeige vom 29. Juli 1869

Revers.

Nachdem ich als ~~Hülfswärter~~ — ~~Hülfsweichensteller~~ — Bremser — ~~Vorarbeiter~~ — bei der Magdeburg=Cöthen=Halle=Leipziger Eisenbahn=Gesellschaft angenommen worden, verpflichte ich mich, die vom Directorium dieser Gesellschaft in Bezug auf die mir übertragenen Dienstfunctionen erlassenen Instructionen und Vorschriften, so wie die vom Directorium oder einem sonstigen Vorgesetzten ergehenden Anordnungen genau zu befolgen, räume auch dem Directorium und dem Betriebs=Director das Recht ein, bei Dienstvernachlässigungen Ordnungsstrafen bis zur Höhe von drei Thalern gegen mich festzusetzen und bei Zahlung meines Lohnes kürzen zu lassen.

[illegible] den 6 ten November 1873

Anton Freund

Verpflichtungserklärung eines Bremsers der „Halle-Casseler Zweigbahn" vom 6. November 1873

waren überschattet von einer Reihe schwerer Unfälle. Am 9. Dezember 1869 waren Arbeiter zwischen Sangerhausen und dem Blankenheimer Tunnel mit Gleisreparaturen beschäftigt. Das Gleis war noch nicht wieder befahrbar, als der Nachmittagszug aus dem Blankenheimer Tunnel kam. Es gelang nicht mehr, den Zug durch Haltsignale vor dem Gefahrenpunkt zum Halten zu bringen. Die Lokomotive und die ersten Wagen überfuhren noch die Schadenstelle, der letzte Teil des Zuges jedoch entgleiste. Personen wurden glücklicherweise nicht verletzt, lediglich ein Schaffner erlitt eine Quetschung. Ursache des Unfalls war das nicht rechtzeitige Haltsignal. Dafür wurde ein Bahnwärter zu einer Woche Gefängnis, der Bahnmeistervertreter zu sechs Monaten Gefängnis verurteilt. Ihm wurde zugleich attestiert, daß er zum Eisenbahndienst unfähig sei.
Am 14. März 1870 verunglückte ein Schaffner eines Güterzugs in Wallhausen tödlich. Am 27. Juli 1870 gab es in Wallhausen erneut einen Unfall. Ein von Halle kommender, mit Mannschaften besetzter Militärzug stieß infolge falscher Weichenstellung mit einem Leerzug zusammen. Sieben Personen waren sofort tot, drei Schwerverletzte starben auf dem Transport nach Sangerhausen, 47 Personen wurden zum großen Teil schwerverletzt.
Wenn auch die direkte Schuld einen Weichenwärter trifft, mußte sich die Bahnverwaltung in der Öffentlichkeit kritische Fragen stellen lassen. Nicht nur lokale Zeitungen, wie das Sangerhäuser Kreisblatt, wiesen auf viele Unregelmäßigkeiten hin. So stand im Sangerhäuser Kreisblatt vom 28. Juli 1870: „Hatte die Bahnverwaltung, die es längst dahin brachte, daß einflußreiche Zeitungen die Halle-Casseler Bahn wegen der vielen Unfälle als eine Abweichung von der Regel bezeichneten, daß Zeitungen erst dazu rieten, erst das Testament zu machen und dann sich einem Wagen auf dieser Strecke anzuvertrauen, hatte diese Bahnverwaltung, die wegen der Unregelmäßigkeiten ihrer Beamten der Staatsanwaltschaft in der kurzen Zeit ihres Bestehens ein reiches Material geliefert hatte, nicht allen Grund, während der beiden Wochen der Militärtransporte, wo auch der geringste Unterbeamte eine schwere Verantwortung trägt, von deren größerer oder geringerer Zuverlässigkeit sie Kenntnis haben mußte, einer genaueren Kontrolle zu unterziehen? Wurden die Militärtransporte etwa nicht bezahlt, so daß bei Überspannung der Kräfte des Personals Hilfsarbeiter aus finanziellen Gründen nicht herangezogen werden konnten?"
Doch nichts Entscheidendes geschah. So konnte am 12. September 1870 ein Zusammenstoß zwischen einem Personen- und einem Güterzug nur durch die Aufmerksamkeit des Lokführers des Personenzugs vermieden werden.
Schon am 3. Dezember 1870 kam es wieder zu einem schweren Unfall. Der Zeitungsbericht darüber lautet: „Nachdem am 3. Dezember 1870, abends gegen 5 Uhr 40 Minuten ein Güterzug von Wallhausen nach Sangerhausen abgelassen war, wurde 20 Minuten später, ohne daß das telegrafische Signal der Ankunft des Güterzuges abgewartet worden war, ein Personenzug auf derselben Strecke befördert, der diese in solch schnellem Tempo durchfuhr, daß seine Lokomotive auf die letzten leeren Wagen des in den Sangerhäuser Bahnhof einfahrenden Güterzuges stieß. Die Wagen wurden hierdurch zertrümmert und die Lok erlitt ebenfalls Beschädigungen. Der letzte Bremser erlitt Brustquetschungen und starb kurz darauf an den Folgen dieser Verletzung."
Viele der Unregelmäßigkeiten hatten technische Mängel zur Ursache oder Überbeanspruchungen bzw. die mangelhafte Qualifikation des Personals. Und so liegt der Verdacht nahe, daß die Eisenbahn-Gesellschaft an Kosten für Bahnanlagen und Personal sparte, da die Verstaatlichung der Bahn durch Preußen schon bevorstand.
Während des Deutsch-Französischen Krieges 1870/71 wurde die Strecke voll für Truppentransporte genutzt. Vom 23. Juli bis zum 14. August 1870 war sie für alle anderen Transporte gesperrt. Vom Kriegsausbruch bis zum 1. März 1871 mußten auf dem Bahnhof Nordhausen 159 036 deutsche Soldaten und 23 449 französische Kriegsgefangene, die den Bahnhof passierten, verpflegt werden.

In Leinefelde wurde die örtliche Feuerspritze am Bahnhof stationiert, um die Truppen, Militärpferde usw. mit Wasser versorgen zu können. Sie wurde vom 23. Juli bis zum 14. August 1870 „19 Tage fast unausgesetzt gebraucht". Der Schulze ließ sie deshalb am 8. September 1870 durch einen Spritzenbaumeister auf ihre weitere Verwendbarkeit untersuchen.

Nach dem Deutsch-Französischen Krieg 1870/71 rückte die Verstaatlichung der „Halle-Casseler Zweigbahn" der Magdeburg-Leipziger Eisenbahn-Gesellschaft schnell auf die Tagesordnung. Preußen plante eine durchgängige, in seiner Hand befindliche Eisenbahnlinie von Berlin nach Elsaß-Lothringen. Drei wesentliche Überlegungen lagen diesen Planungen zugrunde. Zum einen sollten die territorialen Eroberungen von 1870/71 gegenüber dem Erbfeind Frankreich gesichert werden. Der Nachschub für die französischen Festungen, die nunmehr gegen Frankreich gerichtet waren, sollte störungsfrei garantiert werden. Ein zweiter Grund lag in der Notwendigkeit einer schnellen Verbindung zwischen der nunmehrigen Reichshauptstadt Berlin und dem 1871 neu zum Deutschen Reich gekommenen Reichsland Elsaß-Lothringen. Und drittens galt es, eine Verbindung zwischen dem westlichen und dem östlichen Staatsbahnkomplex zu schaffen.

1873 legte die Regierung dem preußischen Landtag einen „Gesetzentwurf, betreffend die Aufnahme einer Anleihe in Höhe von 120 000,000 Talern zur Erweiterung, Vervollständigung und besseren Ausrüstung des Staatsbahnnetzes" vor, der von dessen beiden Kammern angenommen wurde.

Entgegen den ursprünglichen Überlegungen, diese Bahn völlig neu zu bauen, entschloß man sich dann, bestehende Eisenbahnstrecken in die Linienführung der Berlin-Wetzlarer Eisenbahn einzubeziehen. Das betraf u. a. die „Halle-Casseler Zweigbahn", die „Main-Weser-Bahn", die „Nassauische Staatsbahn" und die „Cöln-Mindener Eisenbahn". Sie wurden verstaatlicht. Am 1. Juni 1876 ging die „Halle-Casseler Zweigbahn" in den Besitz des preußischen Staates über. Sie war bereits ab 1. April 1876 auf Rechnung des Staates betrieben worden. Der Kaufpreis für diese 193,5 km lange Strecke von Halle bis Hann. Münden betrug einschließlich der Betriebsmittel 39 000 000 Mark.

Neben den Gleisanlagen und den ortsfesten Bauten waren im Kaufpreis 72 Lokomotiven und 1 218 Wagen enthalten. Mit dem Kaufpreis hatte die Direktion der Magdeburg-Leipziger Eisenbahn-Gesellschaft die Inhaber der Aktien Lit. B. abzufinden. Die Auseinandersetzung mit dem Familienfideikommis des preußischen Königshauses übernahm der Staat.

Die Eisenbahnstrecke Halle–Hann. Münden wurde der damaligen Königlichen Direktion der Frankfurt-Bebraer Eisenbahn in Frankfurt am Main unterstellt. Die bisherige Betriebsdirektion der „Halle-Casseler Zweigbahn" in Nordhausen wurde in eine Königliche Eisenbahn-Betriebsinspektion umgewandelt, der die Strecke von Halle bis Hann. Münden zugeordnet wurde. Ihr Verantwortungsbereich entsprach damit fast unverändert dem der Betriebsdirektion der „Halle-Casseler Zweigbahn". Lediglich das der „Halle-Casseler Zweigbahn" zugehörige Teilstück Nordhausen–Nüxei der Strecke Nordhausen–Northeim wurde mit der Verstaatlichung der Direktion der Hannoverschen Staatsbahn unterstellt.

9

Die Strecke Nordhausen–Northeim

Über frühe Vorstellungen zum Bau einer Strecke zwischen Nordhausen und Northeim ist schon im Zusammenhang über erste Projekte einer Eisenbahn von Halle nach Kassel berichtet worden. Nachdem der Bau der Halle-Kasseler Linie gesichert war, bereitete das Königreich Hannover den Bau einer Eisenbahn von Northeim zur hannoversch-preußischen Grenze in Richtung Nordhausen vor. Diese Verbindung war von großer Bedeutung für das hannoversche Staatsbahnnetz. Denn die Hannoversche Staatsbahn lief Gefahr, durch den Bau der Deutz-Gießener Eisenbahn und der Kreienser Route den bisher über ihre Strecken laufenden Verkehr zwischen dem Kölner und dem Leipziger Raum zu verlieren. Eine Eisenbahnverbindung zwischen Nordhausen und Northeim und die Nutzung der Halle-Kasseler Linie konnten ihre Konkurrenzfähigkeit erhalten.

Ausgehend von Northeim (an der Hannoverschen Südbahn Hannover–Göttingen–Hann. Münden–Kassel) war als erster Schritt eine Teilstrecke zu der Stadt Osterode vorgesehen, die dann bis Nüxei und durch das Helmetal nach Nordhausen weitergeführt werden sollte. Immerhin waren 1866 am Industriestandort Osterode 89 Firmen ansässig, deren Produkte für die Wirtschaft des Königreichs von erheblichem Gewicht waren.

1862 tauchten neue Vorstellungen auf. Die ursprünglich vorgesehene Linienführung sollte insofern verändert werden, als sie näher an den Harzrand verlegt und so auch Walkenried und Ellrich Bahnanschluß bringen sollte. Die Anbindung dieser beiden Orte versprach neue Verkehrskunden und damit höhere Verkehrseinnahmen, hatte aber den Nachteil, durch schwierigeres Gelände zu führen.

Der Anschluß Walkenrieds brachte ein weiteres Problem mit sich. Walkenried gehörte zum Herzogtum Braunschweig. Damit erhöhte sich die Zahl der von der Eisenbahnstrecke berührten Staaten auf drei. Für die Strecke durch braunschweigisches Gebiet setzte sich insbesondere der Kreisdirektor des braunschweigischen Kreises Blankenburg, zu dem das Amt Walkenried

Der Walkenrieder Tunnel (Westportal)

gehörte, ein. Er war daran interessiert, daß „die Bahn das herzoglich braunschweigische Amt Walkenried durchschneiden und den jetzt in Rückgang begriffenen Ortschaften Zorge, Wieda und Hohegeiß nahekommen, denen eine solche Lebensader wieder neues Leben, neue Tätigkeit bringen würde." Seinen Vorstellungen an die braunschweigische Regierung fügte er ein Gutachten von Edmund Heusinger von Waldegg, einem der bedeutendsten Persönlichkeiten des frühen deutschen Eisenbahnwesens, bei. Von Waldegg schlug aus wirtschaftlichen Erwägungen eine über Walkenried–Ellrich nach Nordhausen verlaufende Strecke vor, ohne allerdings genauere Vermessungen und Nivellierungen vorgenommen zu haben. Er war bereit, diese Vermessungs- und Nivellierungsarbeiten zu übernehmen.

Doch die herzoglich braunschweigische Regierung, am Bahnbau zwar interessiert, aber keine eigenen Initiativen dazu entwickelnd, hielt das für verfrüht. Preußen und Hannover hätten in Sachen des Bahnbaues ebenfalls noch nichts unternommen. Diese Passivität prägte die braunschweigische Eisenbahnpolitik auch in den folgenden Jahren. Das ließ den Gedanken einer Streckenführung über Walkenried in den Hintergrund rükken.

Im Jahre 1864 kam das zuständige hannoversche Ministerium mit Preußen überein, den Bau einer von Northeim über Katlenburg und Herzberg und von dort zur preußischen Grenze führenden

Das Bahnhofsgebäude von Tettenborn um 1950
Foto: Sammlung Lauerwald

Bahn vorzusehen. Damit Osterode, das nun nicht mehr berührt wurde, nicht völlig unberücksichtigt blieb, wurde eine Stichbahn von Katlenburg nach dort ins Auge gefaßt.
Weder das preußische Staatsministerium noch die Stadt Osterode waren damit einverstanden. Trotzdem begannen zum Jahresende die Vermessungsarbeiten, die aber nach kurzer Zeit abrupt beendet wurden.
Im April 1865 ging der Ständeversammlung eine Vorlage zum Bau der Südharzbahn zu. Da die Weiterführung auf preußischem Gebiet noch nicht gesichert war – hier hatte der Staatsbahngedanke sich noch nicht durchsetzen können – sollte zunächst nur die Zweigbahn nach Osterode gebaut werden. Ein entsprechendes Gesetz wurde am 11. Juli 1865 veröffentlicht. Mittlerweile war auch Preußen aktiv geworden. Die Magdeburg-Leipziger Eisenbahn-Gesellschaft, Bauherr und Betreiber der Strecke Halle–Kassel, konnte gewonnen werden, den Bahnbau auf preußischem Territorium bis Nordhausen zu übernehmen. Die Aktionäre genehmigten auf ihrer Generalversammlung im September 1865 dieses Vorhaben, das dann 1867 durch Preußen konzessioniert wurde. Auf hannoverschem Gebiet wurde mit den Bauarbeiten im Jahre 1865 begonnen. Der Deutsche Krieg von 1866 unterbrach diese Arbeit.
Die Veränderungen der politischen Landkarte Deutschlands nach diesem Krieg wirkten sich auf die bisherigen Planungen aus. Das Königreich Hannover wurde zur preußischen Provinz, die Hannoverschen Staatsbahn ging in preußischen Staatsbesitz über. Mit dem Herzogtum Braunschweig, das diesen Krieg unbeschadet überstanden hatte, schloß Preußen am 18. April 1867 wegen des Baus einer Bahn von Nordhausen nach Northeim durch braunschweigisches Gebiet einen Staatsvertrag.
Im Frühjahr 1867 wurden die durch den Krieg unterbrochenen Bauarbeiten wieder aufgenommen. Der erste Bauabschnitt Northeim–Herzberg wurde im November 1868 fertig. Die landespolizeiliche Abnahme war am 21. November des gleichen Jahres, und am 1. Dezember 1868 wurde dieses Streckenstück feierlich eröffnet.
Der Weiterbau nach Nordhausen bereitete einige Schwierigkeiten. Insbesondere die Untertun-

Kurz vor der Abfahrt des „Extrazuges der Harzer Holzwarenfabrik Gebr. Lohoff", Tettenborn am 25. Juni 1910
Foto: Sammlung Lauerwald

nelung des Himmelreichs, eines Gipsmassivs zwischen Walkenried und Ellrich, brachte eine Anzahl von Problemen mit sich. Der Tunnelbau wurde im Frühjahr 1868 begonnen. Beim Vortrieb eines Sohlstollens von der Ellricher Seite aus stießen die Bauarbeiter am 9. Juli 1868 auf eine riesige Höhle. Das zog völlig neue, nicht vorhersehbare Arbeiten nach sich. Trotz aller Schwierigkeiten gelang es, den Tunnel noch rechtzeitig fertigzustellen und am 1. August 1869 die Gesamtstrecke zwischen Nordhausen und Northeim dem Verkehr zu übergeben.

Die Schwierigkeiten beim Bau des Tunnels machen exemplarisch die problematische Streckenführung durch verkarstetes Gipsgebirge deutlich. Gipsauslaugungen durch unterirdische Gewässer führen immer wieder zu Gefahren für den Tunnel und den Gleiskörper. Durch Auswaschungen entstandene Senkstellen führen zur Reduzierung der Streckengeschwindigkeit und der zulässigen

Achsfahrmassen und beeinträchtigen die Standfestigkeit des Tunnels.
Die Betriebsführung der Gesamtstrecke hatte die Hannoversche Staatsbahn, die 1866 in eine Königlich Preußische Eisenbahndirektion mit Sitz in Hannover überführt wurde, inne. Damit hatte die Magdeburg-Leipziger Eisenbahn-Gesellschaft nichts zu tun.
1871 erhielt auch Osterode einen Bahnanschluß, als die am 1. September dieses Jahres eröffnete Strecke Seesen–Herzberg die Stadt berührte. Das war allerdings nicht die von der Stadt gewünschte Lage an einer Hauptstrecke. Aber Osterode war infolge der politischen Veränderungen im Jahre 1866 auch nicht mehr ein dominierendes Industriezentrum in einem deutschen Bundesstaat, sondern ein kleines Industriezentrum im Königreich Preußen.
Am 1. Juni 1876 ging mit der der Magdeburg-Leipziger Eisenbahn-Gesellschaft gehörenden „Halle-Casseler Zweigbahn" auch der Abschnitt Nordhausen–Nüxei in den Besitz des preußischen Staats über. Der Erwerb dieses Streckenstücks brachte auch die Gesamtstrecke Nordhausen–Northeim in preußischen Besitz. Preußen bekam so ein bedeutendes zusammenhängendes Eisenbahnnetz südlich und nördlich des Harzes.
Die Strecke Nordhausen–Nüxei kostete 3 095 486 Mark. Wie schon erwähnt, wurde die „Halle-Casseler Zweigbahn" der Eisenbahndirektion Frankfurt am Main zugeordnet. Das Streckenstück Nordhausen–Nüxei kam zur Eisenbahndirektion Hannover. Dieser gehörte seit der Eröffnung auch das Teilstück Nüxei–Northeim, und so kam die Gesamtstrecke unter einheitliche Verwaltung.
Im Zuge des Erwerbs 1876 stellte der preußische Staat auch Mittel für den weiteren Streckenausbau bereit. Der zweigleisige Ausbau der Strecke, deren Planum von vornherein dafür vorgesehen war, begann. Er wurde in den achtziger Jahren des vorigen Jahrhunderts abgeschlossen.
Mit der Eröffnung der Sollingbahn Northeim–Ottbergen am 15. Januar 1878 war nun eine schnelle Eisenbahnverbindung zwischen dem Ruhrgebiet und dem mitteldeutschen Raum geschaffen, die sich zwischen 1919 und 1939 zu einer der bedeutendsten deutschen Güterverkehrslinien entwickeln sollte.
Die Bedeutung der Strecke nahm durch den Bau einiger von ihr ausgehenden Bahnen lokaler Bedeutung noch zu. 1884 wurde eine Nebenbahn von Scharzfeld nach St. Andreasberg in Betrieb genommen, die zwischen Scharzfeld und Bad Lauterberg am 10. Juli und zwischen Bad Lauterberg und St. Andreasberg am 1. November des gleichen Jahres eingeweiht wurde. Am 31. Oktober 1889 folgte die Eröffnung des Abschnitts Wulften–Duderstadt der nach Leinefelde führenden Nebenbahn. 1899 wurde eine meterspurige Schmalspurbahn zwischen Walkenried und Braunlage mit einer nur dem Güterverkehr dienenden Anschlußstrecke zur Ladestelle Wurmberg gebaut. Die durchgängige Inbetriebnahme am 1. November 1899 sollte die ungünstige Versorgung der Industrieansiedlungen im Raum Wieda-Braunlage verbessern und den Fremdenverkehr in diesen Harzorten fördern.
Am 11. August 1907 nahm eine normalspurige, 7,3 km lange Privatbahn von Ellrich nach Zorge den Betrieb auf. Am 31. Oktober 1911 erreichte die von Bleicherode Ost ausgehende Nebenbahn, die an anderer Stelle ausführlicher gewürdigt wird, Herzberg. Den Abschluß bildete am 1. Dezember 1931 die 5,8 km lange Nebenbahn Herzberg–Siebertal.
Die Strecke Nordhausen–Northeim war somit voll ausgebildet. Sie besaß im Reiseverkehr überwiegend regionalen Charakter, der Personenfernverkehr, der über die Strecke lief, war ohne größere Bedeutung.
Anders war das im Güterverkehr. Unabhängig von ihren Aufgaben zur Versorgung der örtlichen Industrie entwickelte sie sich zu einer bedeutenden Durchfuhrstrecke. So verkehrten in den dreißiger Jahren täglich 70 bis 80 Güterzüge über die

Die Mitarbeiter der Bahnmeisterei Herzberg im Jahre 1916
Foto: Sammlung Lauerwald

Das Bahnhofsgebäude von Osterhagen a. Harz um 1930
Foto: Sammlung Lauerwald

A
Bm.
Herzberg

OSTERHAGEN.

Strecke. Da ließ sich die Zahl der maximal 28 Reisezüge doch recht bescheiden an.
Diese Entwicklung unterbrach der zweite Weltkrieg. In den ersten Jahren waren die Ausdünnung des öffentlichen Verkehrs und die Zunahme militärischer Transporte dominierend. Dann folgten Ereignisse, die eine völlige Umstrukturierung der Strecke zur Folge hatten. Als in der zweiten Hälfte des Jahres 1943 bombensichere Fertigungsstätten für die Fernraketen V1 und V2 gesucht wurden – die bisherigen Zentren der Raketenherstellung in Peenemünde und Wiener Neustadt waren durch gegenerische Luftangriffe zerstört – fiel die Wahl auf das Kohnsteinmassiv zwischen Nordhausen und Ellrich. Hier waren ausbaufähige unterirdische Hallen eines strategischen Schmier- und Treibstofflagers vorhanden. Dazu wurde am Südfuß des Kohnsteins ein Konzentrationslager eingerichtet, das die Arbeitskräfte für den Ausbau der unterirdischen Fertigungsstätten und die Serienproduktion der sog. Vergeltungswaffen liefern sollte.
Ab diesem Zeitpunkt nahmen Häftlingstransporte zwischen den einzelnen Außenlagern und den Produktionsstätten im Kohnstein, Zuliefertransporte für die Raketenproduktion, aber auch die Beförderung fertiger Raketen zu ihren Einsatzorten in einem Maße zu, daß der öffentliche Reise- und Güterzugverkehr zwischen Nordhausen und Ellrich erheblich beeinträchtigt wurde. Dazu kam der hohe Geheimhaltungsgrad des Ganzen. Es wurden Überlegungen angestellt, den Abschnitt zwischen Nordhausen und Ellrich nur noch für diese „kriegswichtigen" Transporte zu nutzen und für den noch immer bedeutenden öffentlichen Verkehr auf der Südharzstrecke eine neue Umgehungsbahn zu bauen. Diese sollte, anknüpfend an die allerersten Pläne zum Bau einer Eisenbahn zwischen Nordhausen und Northeim, durch das Helmetal führen und zwischen Tettenborn und Scharzfeld südlich des Bahnhofs Osterhagen in die schon vorhandene Reststrecke nach Northeim einmünden. Die etwa 24 km lange Helmetalbahn berührte von Nordhausen aus die Orte Hesserode, Kleinwechsungen, Günzerode, Holbach und Mackenrode.
In Nordhausen wurde für den Bahnbau ein Neubauamt der Reichsbahn eingerichtet. 1944 begannen die Bauarbeiten. Die Bauausführung lag überwiegend in den Händen der SS-Baubrigaden 3,4 und 5. Solche Baubrigaden waren Arbeitskommandos von KZ-Häftlingen, die in der Regel zur Trümmerbeseitigung und zur Reparatur von zerstörten Eisenbahnanlagen eingesetzt wurden.
Im April 1945, als US-amerikanische Truppen Nordhausen besetzten, war die Helmetalbahn nahezu fertiggestellt. Lediglich die Einbindung in den Bahnhof Nordhausen und die zwischen Kleinwerther und Nordhausen geplanten Abzweigstellen und Gleisanlagen harrten noch der Vollendung. Die Inbetriebnahme sollte die Helmetalbahn jedoch nicht erleben. Sie wurde, genau wie eine Vielzahl anderer Eisenbahnanlagen zwischen Nordhausen und Ellrich, die für die genannten Zwecke gebaut wurden, demontiert.
Das Kriegsende und die Aufteilung Deutschlands in Besatzungszonen unterbrachen die Strecke Nordhausen–Northeim zwischen Ellrich und Walkenried. Zwischen diesen beiden Orten verlief die Grenze zwischen der sowjetischen und der britischen Besatzungszone. Da die Zonengrenzen auf der Grundlage der Grenzen zwischen den deutschen Bundesstaaten im Jahre 1866 festgelegt wurden, lagen die Orte Bad Sachsa und Tettenborn (zwischen Walkenried und Herzberg) in der sowjetischen Besatzungszone. Damit schien ein reibungsloser Eisenbahnverkehr auf dem zur britischen Zone gehörenden Streckenstück Walkenried–Northeim gefährdet. Aus diesem Grunde einigten sich das britische und das sowjetische Oberkommando am 12. Juli 1945 in Braunschweig, daß Bad Sachsa und Tettenborn aus der sowjetischen Besatzungszone ausgegliedert und in die britische Zone eingeordnet werden.
Mit dem Wechsel der Besatzung am 1. Juli 1945 in Thüringen – die amerikanischen Truppen wurden durch sowjetische Truppen abgelöst – wurde der unregelmäßige Personen- und Güterverkehr, der ab April 1945 noch über Ellrich–Walkenried bestand, völlig unterbrochen.

Das Empfangsgebäude des Bahnhofs Northeim um 1930
Foto: Sammlung Lauerwald

Die Deutsche Reichsbahn in der sowjetischen Besatzungszone wie auch die Sowjetische Militäradministration waren an einem Eisenbahnübergang zwischen Ellrich und Walkenried stark interessiert. Entsprechende Forderungen wurden auf einer Beratung der beiden Reichsbahnverwaltungen am 12. August 1947 in Bielefeld von der westlichen Seite abgelehnt, weil die kriegsbedingten Unterbrechungen der Strecke Altenbeken–Northeim noch nicht beseitigt seien. Trotzdem konnte sich die sowjetische Seite in einer Beratung am 3. Oktober 1947 durchsetzen und eine Öffnung des Übergangs erreichen. Als der dafür vorgesehene Termin verstrichen war, ließ der Chef der Transportverwaltung der SMAD am 10. November 1947 die Transporte über den Übergang anlaufen. Es waren täglich drei Güterzüge in jeder Richtung vorgesehen.

Die Berlin-Blockade führte zwar zur zeitweiligen Unterbrechung des durchgehenden Verkehrs, doch wurde im Helmstedter Abkommen vom 11. Mai 1949 seine Wiederaufnahme über Ellrich–Walkenried vereinbart und ab 3. Oktober 1949 auch realisiert. Der grenzüberschreitende Verkehr beschränkte sich jedoch ausschließlich auf Güterzüge. Die Freigabe des Übergangs Ellrich–Walkenried für den Reiseverkehr unterblieb trotz mehrfacher Versuche.

Im Zusammenhang mit der „Sicherung der Staatsgrenze der DDR zur BRD" wurden „Grundsätze über besondere Maßnahmen auf Grenzbahnhöfen" erlassen, die vor allem den Schutz vor nicht gestatteten Ein- und Ausfahrten von und nach der Bundesrepublik beinhalteten. Das führte im Bahnhof Ellrich zum Einbau der Grenzschutzweiche 100, einer doppelten Kreuzungsweiche, deren Grundstellung beidseitig auf Gleisabschlüsse führte. Zusätzlich wurden aufwendige sicherungstechnische Abhängigkeiten zwischen den Signalanlagen, dem Grenztor und der Grenzschutzweiche eingerichtet. In diese Abhängigkeiten wurden auch die Grenztruppen der DDR eingebunden, ohne deren Mitwirkung Ein- und Ausfahrten in und aus dem Grenzbahnhof Ellrich nicht möglich waren.

Im Zuge der Reparationsleistungen gegenüber der Sowjetunion wurden 1946 das zweite Gleis zwischen Nordhausen und Ellrich abgebaut und die Güterzugeinfahrt dieser Strecke auf den Westberg des Bahnhofs Nordhausen demontiert. Der Streckenblock wurde den Bedürfnissen eingleisiger Bahnen angepaßt. Die Grenzstrecke Ellrich–Walkenried wurde noch bis 1950 zweigleisig betrieben. Dann wurde das Gleis Ellrich–Walkenried außer Betrieb genommen und abgebaut. Der zur Deutschen Bundesbahn gehörende Streckenteil zwischen Walkenried und Northeim blieb von der Demontage verschont.
Die Teilung Deutschlands in vier Besatzungszonen, die Herausbildung zweier unterschiedlicher deutscher Staaten, deren Grenze die Strecke Nordhausen–Northeim in zwei unterschiedlichen Bahnen zugehörige Teile trennte, führte zum Rückgang ihrer verkehrlichen Bedeutung. Die Zahl der diesen Eisenbahnübergang passierenden Güterzüge war gering. Von einer Hauptstrecke des Eisenbahngüterverkehrs, die die Strecke bis 1939 darstellte, war nichts mehr zu spüren. Die beiden Streckenteile hatten nur noch Bedeutung für den lokalen Verkehr. Das hatte auf westlicher Seite Auswirkungen auf das Ausstattungsniveau der Strecke. War sie auch von Reparationsleistungen verschont geblieben, drohte nunmehr der Rationalisierungsdruck, Anlagen und Betriebsstellen zu beseitigen. Mehrere Blockstellen wurden aufgehoben, wodurch sich die Blockabschnitte erheblich vergrößerten. Die Bahnhöfe Tettenborn und Osterhagen wurden aufgelassen, andere Bahnhöfe wurden in ihrer betrieblichen Bedeutung sehr eingeschränkt.
Das von Wulften ausgehende Reststück nach Duderstadt wurde am 26. Mai 1974 für den Reiseverkehr geschlossen, die Gesamtstillegung ist beantragt. Die Schmalspurbahn von Walkenried nach Braunlage wurde am 3. August 1963 stillgelegt, die von Scharzfeld ausgehende Strecke nach St. Andreasberg im Jahre 1984 bis Bad Lauterberg verkürzt. Die Kleinbahn Ellrich–Zorge war bereits 1945 eingestellt worden.
Mit den Ereignissen des Spätherbstes 1989 gewann die Gesamtstrecke wieder an Bedeutung. Am 12. November 1989 ergriffen Eisenbahner des Bahnhofs Herzberg/Harz die Initiative und nahmen den Reisezugverkehr zwischen Herzberg und Ellrich auf. Wenige Tage später wurde die Öffnung des Übergangs für den Reiseverkehr nach Absprachen zwischen dem Ministerium für Verkehrswesen der DDR und der Hauptverwaltung der DB bestätigt.
Mittlerweile hat sich die Strecke zu einer gut frequentierten Linie im Reiseverkehr entwickelt, der Güterverkehr hält sich nach wie vor in bescheidenen Grenzen, zumal Senkstellen am Sachsenstein und bei Tettenborn einerseits und bei Cleysingen andererseits dem Güterverkehr mit seinen hohen Achsfahrmassen bestimmte Grenzen setzen.

10

Von 1876 bis 1945 – ein bedeutender Schienenweg

Zugangsstellen, einmündende Strecken, Endpunkte

Mit der Verstaatlichung der „Halle-Casseler Zweigbahn" begannen der intensive Streckenausbau, die Verdichtung der Zugangsstellen und der Ausbau der Lokal- und Verbindungsstrecken.
Der bereits unter Regie der Magdeburg-Leipziger Eisenbahn-Gesellschaft begonnene zweigleisige Streckenausbau wurde zielstrebig fortgesetzt. Dabei wurde vorrangig das Streckenstück bis Leinefelde, das von der Berlin-Coblenzer Eisenbahn, der Kanonenbahn benutzt wurde, fertiggestellt. Durch Gesetz vom 7. Juni 1876 stellte die preußische Regierung für den Ausbau der „Halle-Casseler Zweigbahn", soweit sie von der Kanonenbahn mitbenutzt wurde, 10,5 Millionen Mark bereit. Weitere 3,5 Millionen Mark wurden durch das gleiche Gesetz für den Bau des zweiten Gleises zwischen Halle und dem Einmündungspunkt der Kanonenbahn in die „Halle-Casseler Zweigbahn" bei Blankenheim sowie für den Ausbau des ebenfalls zur „Halle-Casseler Zweigbahn" gehörigen Streckenstücks Nordhausen–Nüxei bewilligt.
Damit war die Finanzierung des zweiten Gleises zwischen Halle und Blankenheim und von da aus bis Leinefelde gesichert. Im Februar 1877 begann der Streckenausbau zwischen Halle und Blankenheim. Am 15. Mai 1878 wurde auf diesem Streckenabschnitt das zweite Gleis in seiner vollen Länge in Betrieb genommen. Zwischen Nordhausen und Heringen wurde das zweite Gleis Mitte April 1877 fertiggestellt. Bis Leinefelde war der zweigleisige Ausbau im Jahre 1880 abgeschlossen. Am 15. Mai 1880 wurde mit der Inbetriebnahme des Abschnitts Leinefelde–Eschwege die Gesamtstrecke der Kanonenbahn dem Verkehr übergeben.
Der zweigleisige Ausbau des noch verbleibenden eingleisigen Abschnitt zwischen Leinefelde und Hann. Münden stockte zunächst. Er wurde erst 1885 fortgesetzt, und zwar bis Eichenberg. Am 12. März 1886 wurde der zweigleisige Betrieb zwischen Leinefelde und Heiligenstadt aufgenommen, im Jahr darauf bis Eichenberg. Der

Das Empfangsgebäude des Bahnhofs Nordhausen vor 1890. Auffällig ist der symmetrische Bau, der Uhrturm fehlt noch.
Foto: Sammlung Lauerwald

Haupteingang des Bahnhofs Nordhausen mit allen Dienstmännern des Bahnhofs (um 1900)
Foto: Sammlung Lauerwald

zweigleisige Ausbau des Teilstücks zwischen Eichenberg und Hann. Münden begann im Jahre 1900.

Von 1876 bis 1945 verdoppelte sich die Zahl der Zugangsstellen. Von 23 Bahnhöfen, Haltestellen und Haltepunkten erhöhte sich die Zahl auf 49. Im Jahre 1877 kamen Schlettau b. Halle (S.) (heute Angersdorf) und Berga-Kelbra dazu.

Die Bürger der Stadt Kelbra hatten bereits im Jahre 1855 auf einen Eisenbahnanschluß gehofft. Eines der vielen Projekte für die Verbindung Halle–Kassel sah vor, daß die Strecke von Wallhausen nach Kelbra führt. Als das nichts wurde, strebte man die Errichtung einer Haltestelle dort an, wo die „Halle-Casseler Zweigbahn" die Verbindungsstraße zwischen Berga und Kelbra kreuzte. Nach vielen vergeblichen Bitten stimmte die Staatseisenbahnverwaltung 1877 einer Haltestelle in Berga zu, die wegen der Nähe von Kelbra Berga-Kelbra bezeichnet wurde. Am 22. Mai 1877 hielt dort der erste Zug. Am 10. September desselben Jahres wurde das erste Haltestellengebäude, „Schorf" genannt, in Betrieb genommen. Es war ein kleines Bretterhäuschen, das dem Fahrkartenverkauf diente. Die Reisenden standen jedoch bei Hitze und Kälte, bei Sturm und Regen ohne jeglichen Schutz im Freien. Daraufhin errichtete die Stadt Kelbra auf ihre Kosten ein eigenes Empfangsgebäude mit einer kleinen Restauration für 1213 Mark. Diese ebenfalls sehr bescheidene Gebäude mußte auf Forderung der Provinzialregierung 1881 entfernt werden, und das jetzt noch vorhandene Bahnhofsgebäude wurde errichtet.

Schlettau erhielt im Jahre 1877 ein Empfangsgebäude für 100 000 Mark und eine Retirade (Toilettenanlage) für 2 200 Mark. Für den Güterverkehr ging der Bahnhof am 25. Januar 1877, für den Personenverkehr am 15. Mai 1878 in Betrieb.

Das Jahr 1879 brachte am 15. Mai Speele zwischen Hann. Münden und Kragenhof sowie Blankenheim mit der Einmündung der Kanonenbahn in die Halle-Kasseler Bahn und Auleben, zwischen Berga-Kelbra und Heringen, den lang ersehnten Eisenbahnhaltepunkt. 1880 erhielt Pustleben, zwischen Wolkramshausen und Bleicherode gelegen, ebenfalls einen Haltepunkt.

Das Jahrzehnt zwischen 1881 und 1890 war von einem beachtlichen Zuwachs an Haltestellen gekennzeichnet. Sie entstanden in Zscherben, Wansleben, Bennungen, Großwerther, Niedergebra, Bodenrode, Uder, Gertenbach und Ihringshausen. Bennungen wurde 1882 eröffnet. Gertenbach erhielt am 20. Mai 1884 einen Haltepunkt, Uder 1886 eine Haltestelle, die 1884 unter der Bedingung der kostenlosen Hergabe des erforderlichen Geländes und eines Zuschusses von 21 000 Mark genehmigt worden war. Bereits ein Jahr vorher hatte die Eisenbahnverwaltung Stückgutverkehr und Postausgabe vom Zuge aus gestattet. Der heutige Bahnhof stammt aus späterer Zeit. Er wurde am 15. September 1935 seiner Bestimmung übergeben. Bis 1887 hatte auch Ihringshausen einen Haltepunkt erhalten.

Am 1. Mai 1887 hielten erstmals Züge in Zscherben. 1886 wurde der Antrag zur Errichtung eines Haltepunkts in der Gemeinde Bodenrode gestellt. Seine Eröffnung wurde für den 1. April 1887 vorgesehen, verzögerte sich aber um fast zwei Monate. Erst am 20. Mai 1887 konnte er eröffnet werden.

Am 15. November 1888 wurde die Eisenbahnhaltestelle Niedergebra dem Verkehr übergeben. Sie soll der Gemeinde 3 700 Mark gekostet haben.

Am 1. März 1890 wurden in Großwerther und in Wansleben Haltepunkte eingeweiht. Der Haltepunkt in Wansleben war schon 1886 geplant worden. Ein Kostenvoranschlag vom 16. April dieses Jahres sah dafür 5 000 Mark vor. Die Gemeinde wollte aber nur 3 000 Mark übernehmen. Der nächste Kostenvoranschlag vom 28. September 1888 sah dann folgerichtig nur Aufwendungen in dieser Höhe vor. Aber die Gemeinde zahlte nicht. Erst als die Nachbargemeinde Amsdorf einen Antrag auf Errichtung eines Haltepunkts stellte und dazu am 12. Januar 1889 eine Ortsbesichtigung stattfand, wurde Wansleben wieder rege. Es wollte nun doch einen Eisenbahnzugang. Da wegen der geringen Entfernung zwischen Wansleben und Amsdorf

Das Empfangsgebäude des Bahnhofs Arenshausen um 1890
Foto: Sammlung Lauerwald

Das Empfangsgebäude des Bahnhofs Leinefelde um 1900
Foto: Sammlung Lauerwald

die Anlage von zwei Haltepunkten nicht in Frage kam, erhielt Wansleben am 22. August 1889 die Genehmigung des Ministeriums für öffentliche Arbeiten; denn, so ein Bericht des Königlichen Eisenbahnbetriebsamts Nordhausen, Wansleben hatte mehr Einwohner und einige Industriebetriebe. Das Jahrzehnt von 1891 bis 1900 brachte einen geringeren Zuwachs an Haltestellen. 1897 erhielt Bernterode einen Haltepunkt. Neben Uder war es schon in den ersten Eisenbahnplanungen für die Halle–Kasseler Eisenbahn als Haltestelle vorgesehen gewesen. Nicht zuletzt deshalb, weil die Bernteröder Bevölkerung sich sehr lange und sehr beharrlich der Bereitstellung von Grund und Boden für den Eisenbahnbau entgegenstellte, kam es aber nicht dazu. Als dieser Fehler erkannt wurde, war es zu spät. Langwierige Bemühungen waren erforderlich, bis am 1. Oktober 1897 endlich der Haltepunkt eröffnet werden konnte. Die Kosten dafür beliefen sich für die Gemeinde auf über 11 000 Mark, nicht gerechnet die Ausgaben für Grund und Boden. Vor Baubeginn des Haltepunkts war ein Betrag von 10 000 Mark bei der Eisenbahnhauptkasse in Kassel zu hinterlegen.

Am 1. Mai 1898 wurde zwischen Kassel und Ihringshausen der Haltepunkt Niedervellmar dem Personenverkehr übergeben. Er scheint zu diesem Zeitpunkt noch unbesetzt gewesen zu sein, denn der Eröffnungsverfügung ist zu entnehmen, daß eine Gepäckabfertigung von hier nicht vorgesehen war. Nach Niedervellmar konnte nur dann Gepäck abgefertigt werden, wenn der Gepäckaufgeber garantierte, daß es am Zielort am Packwagen in Empfang genommen wird.

Am 15. November 1898 wurde zwischen Eisleben und Röblingen a. See der Haltepunkt in Erdeborn eröffnet. In den Akten befindet sich ein vom 21. April 1886 datierter Antrag des Schulzen der Gemeinde zur Errichtung einer Haltestelle. Beigefügt waren Unterschriftenlisten der Bürger. Er verfiel aber am 23. November 1886 der Ablehnung durch den Minister für öffentliche Arbei-

Der Bahnhof Eichenberg im Jahre 1907
Foto: Sammlung Koch

Der Bahnhof Berga-Kelbra um 1915
Foto: Göttinger Bildwerk e. V.

Der Bahnhof Bleicherode Ost im Jahre 1918
Foto: Sammlung Lauerwald

ten. Nach elf Jahren, am 30. April 1897, wandte sich die Gemeinde erneut an die Eisenbahnverwaltung. Ein Kostenvoranschlag der Eisenbahnverwaltung vom 20. Juni 1897 sah dafür einmalige Kosten in Höhe von 7 500 Mark und laufende Aufwendungen von jährlich 500 Mark vor. Die jährlichen Verkehrseinnahmen wurden auf 1 954 Mark geschätzt. Aufwendungen und Ertrag bewogen den Minister für öffentliche Arbeiten, am 21. Mai 1898 die Errichtung eines Haltepunkts zu genehmigen.

Als letzter Haltepunkt in diesem Jahrzehnt wurde Eisdorf (heute Teutschenthal Ost) eröffnet. Bereits 1864 war dieser Ort im Gespräch gewesen, doch wurde dann Teutschenthal vorgezogen. 1899 kamen dann aber Anträge auf die Eröffnung eines Haltepunkts in Eisdorf. Ein Kostenvoranschlag vom 24. Mai 1899 sah dafür Aufwendungen in Höhe von 14 000 Mark vor. Die Gemeinde erklärte sich daraufhin am 29. Juni 1899 bereit, die Kosten bis zu 16 000 Mark zu übernehmen. Der Minister für öffentliche Arbeiten genehmigte am 4. Dezember desselben Jahres die Anlage. Die Eröffnung war für den 1. August

Ehrenurkunde für „40jährige treu geleistete Dienstjahre" (1915)
Foto: Sammlung Lauerwald

1900 vorgesehen, wurde auf den 1. September verschoben und fand letztlich am 1. Oktober 1900 statt.

Weitere vier Zugangsstellen wurden in den folgenden zehn Jahren eröffnet. Am 1. August 1901 erhielt Beuren, zwischen Leinefelde und Bodenrode, einen Haltepunkt. Am 1. Oktober 1902 folgte Wolferode. Der erste Antrag auf die Errichtung eines Haltepunkts durch die Gemeinde stammte vom 10. November 1891. Er wurde durch die Nachbargemeinden, so Bornstedt und Wimmelburg, unterstützt, verfiel aber der Ablehnung. Vom 1. August 1896 datiert ein erneuter Antrag. Ein Kostenvoranschlag vom 29. Dezember 1900 sah 12 000 Mark vor. Nachdem die Kostenfragen geklärt waren, ging es an den Bau, und am 1. Oktober 1902 hielt der erste Zug in Wolferode.

Wilhelmshausen zwischen Hann. Münden und Speele wurde am 15. August 1909 eröffnet. In der östlichen Streckenhälfte folgte am 1. Oktober 1910 Helfta, das den Haltepunkt insbesondere dem Hermannschacht der Mansfeld AG in Helfta zu verdanken hatte. Für die Mansfeld AG vereinfachte sich damit die Beförderung der Bergleute zwischen ihren Wohnorten und dem Arbeitsort. Im Oktober/November 1909 kam es zu einem entsprechenden Vertrag. Die Kosten sollten 24 000 Mark betragen, davon war die Hälfte als Interessenbeitrag der Mansfeld AG vorgesehen. Noch 1912 wurde die Errichtung einer Güterladestelle abgelehnt, 1917 wurden Überholungsgleise errichtet.

Damit war das Haltestellennetz auf der Strecke Halle–Kassel nahezu völlig ausgebaut. Sieht man von der kurzzeitigen Öffnung eines Haltepunkts während des ersten Weltkriegs in Ihringshausen West ab, der am 17. November 1919 wieder aufgehoben wurde, wurden in den nächsten drei Dezennien lediglich je ein neuer Haltepunkt eröffnet. Das Haltestellennetz war dermaßen dicht, daß alle 4 bis 5 km ein Personenzug zu halten hatte.

Die Errichtung eines Haltepunkts in Hausen, zwischen Niederorschel und Leinefelde, hatte die Eisenbahndirektion Cassel bereits 1910 genehmigt. Die Gemeinde verzichtete auf eine Chausseegeldforderung von 16 000 Mark, und die Eisenbahndirektion wollte die Haltestelle kostenlos errichten. Offensichtlich haben die Verhandlungen aber doch länger gedauert, so daß der Haltepunkt erst am 1. Oktober 1919 eröffnet werden konnte. Er wurde für den Personen-, Gepäck- und Expreßgutverkehr zugelassen. Das Stationsgebäude war noch nicht fertiggestellt, so daß die Beschäftigten nur provisorisch untergebracht waren. Es konnte erst ab 1920 genutzt werden.

Knapp 10 Jahre später, am 3. Januar 1929, wurde der Haltepunkt Nohra, zwischen den Stationen Wolkramshausen und Pustleben gelegen, für den Personenverkehr eingeweiht. Der letzte Haltepunkt der Strecke Halle–Kassel wurde am 22. Mai 1937 in Laubach zwischen Hedemünden und Hann. Münden eröffnet.

In den hier betrachteten Zeitabschnitt fallen auch einige Umbenennungen von Stationen. So wurde 1890 der Bahnhof Gernrode in Niederorschel umbenannt. Das geschah auf Betreiben der Fabrikanten Gebrüder Teichmann in Niederorschel. Als Begründung wurde angegeben, daß es zu vielen Verwechslungen mit der gleichnami-

Der Bahnhof Leinefelde um 1920
Foto: Sammlung Schmalzl

Der Vorstand des Eisenbahn-Fahrbeamten-Vereins Nordhausen mit der Vereinsfahne (um 1929)
Foto: Sammlung Lauerwald

Postkarte von der Fahnenweihe des Männerchores der Lokomotivführer Nordhausen (1929)
Foto: Sammlung Lauerwald

gen Station Gernrode im Harz gekommen sei. Die Gernröder Bevölkerung protestierte dagegen. Noch 1912 gab es Anträge von Bürgern der Gemeinde Gernrode, in denen die Rücknahme der Entscheidung von 1890 gefordert oder wenigstens die Einführung des Doppelnamens Gernrode-Niederorschel vorgeschlagen wurde.

Im Zusammenhang mit dem Bau der Strecke Bleicherode–Herzberg, an der der Bahnhof Bleicherode Stadt lag, wurde der bisherige Bahnhof Bleicherode am 16. März 1909 in Bleicherode Ost umbenannt.

Der Bau eines zweiten Bahnhofs in der Stadt Witzenhausen (an der Strecke Eichenberg–Großalmerode Ost–Walburg) war der Anlaß, den bis-

Der Fahrplan Halle–Cassel im Jahre 1925

Der Bahnhof in Wolkramshausen im Jahre 1918
Foto: Sammlung Lauerwald

herigen Bahnhof Witzenhausen mit Wirkung vom 1. Juli 1916 Witzenhausen Nord zu nennen.
Eine wichtige Änderung in der Schreibweise von Namen wurde von der RBD Kassel am 8. Februar 1927 verfügt: „Nachdem amtlich die Abänderung der Schreibweise des Ortsnamens Cassel in ‚Kassel' angeordnet ist, wird diese auch im amtlichen Verkehr der Reichsbahn durchgeführt.
Gleichzeitig erfolgt eine Änderung in der Bezeichnung des Bahnhofs Kassel in der Weise, daß er den Zusatz ‚Hbf' erhält..."
Mit Wirkung vom 1. Januar 1937 hieß der Haltepunkt Wansleben Wansleben a. See. Der Bahnhof Schlettau b. Halle (S.) wurde ab 21. Januar 1940 in Angersdorf umbenannt.
Im Zusammenhang mit dem weiteren Ausbau des Streckennetzes der deutschen Eisenbahnen wurde nach 1876 die Strecke Halle–Kassel zum Anfangs- bzw. Endpunkt weiterer Eisenbahnstrekken. Als erste sei die Strecke Berlin–Belzig–Güsten–Blankenheim genannt, das von Berlin ausgehende Stück der Kanonenbahn. Sie mündet seit dem 15. April 1879 in den dazu errichteten, nur dem Betrieb dienenden Trennungsbahnhof Blankenheim vor dem östlichen Eingang des Blankenheimer Tunnels. Der Einführung in die Halle-Kasseler Strecke diente ein Kreuzungsbauwerk. Damit wurden niveaugleiche Kreuzungen vermieden und die betrieblichen Einschränkungen auf ein Minimum reduziert.
Als nächste konnte die Strecke Sangerhausen–Erfurt mit ihrem ersten Teilstück Sangerhausen–Artern am 1. Oktober 1879 dem Betrieb übergeben werden. Die Gesamtstrecke wurde zwei Jahre später, am 24. Oktober 1881, eröffnet.
Zwischenzeitlich, am 15. Mai 1880, wurde das letzte Stück der Kanonenbahn, der Abschnitt Leinefelde–Eschwege, fertiggestellt und damit die Kanonenbahn auf ihrer ganzen Länge in Betrieb genommen. Die Einmündung dieser Strecke in den Bahnhof Leinefelde war jedoch so unglücklich gelöst worden, daß ein Übergang von den die Kanonenbahn befahrenden Zügen von einem auf das andere Teilstück nur möglich war, wenn die Züge Kopf machten. Das führte bald dazu, daß der Abschnitt Leinefelde–Eschwege zur Bedeutungslosigkeit herabsank.
Am 1. Oktober 1884 wurde die von Ober-Röblingen (heute Röblingen a. See) ausgehende Stichbahn nach Querfurt eröffnet, die 20 Jahre später, am 1. Juli 1904, ihre Fortsetzung bis Vitzenburg an der Unstrutbahn fand.
Eine in das südliche Harzvorland führende Stichbahn nach Rottleberode-Stolberg, so die damalige Bezeichnung des Bahnhofs Rottleberode, folgte mit ihrer feierlichen Inbetriebnahme am 1. Juni 1890. Diese, von Berga-Kelbra ausgehende Strecke mit einer Länge von 10,6 km

77. Cassel – Nordhausen (-Halle).

km	R. B. D. Cassel.	Kl.	145 1-3	D 45 1-3		571 2-4		573 2-4		D105 1-3	575 2-4		577a 3-4	855 W 3-4	D 27 1-3	577 2-4	587 2-4	
0	**Cassel O.** (76) §	ab	12 50	—	—	3 28	—	7 02	—	10.54	11 17	—	2.00	—	3.32	4 40	8 40	—
5	Niedervellmar	– (Siehe auch Abt. 80.)	59	—	—		—	10	—	✕	25	—	08	—	✕	49	48	—
9	Ihringshausen	–	1 06	—	—	40	—	18	—		33	—	16	—		58	55	—
11	**Kragenhof**	–	11	—	—		—	24	—	Von Cassel über Halle n. Sagan Cottbus.	38	—	21	—		5.03	9 01	—
15	Speele	–	18	—	—		—	31	—		44	—	28	—		09	08	—
18	Wilhelmshausen	–	|	—	—		—	37	—		|	—	34	—		13	18	—
24	**Hann. Münden** (79)	an	1 30	—	—	3 57	—	7.46	—	11 18	11.55	—	2.43	—	3.56	5.21	9 22	—
		ab	1 31	—	—	3 58	—	7.47	—	11.19	11.57	—	2.44	—	3.57	5.22	9 24	—
33	Hedemünden	–	1 42	—	—	|	—	59	—		12.09	—	56	—	Von Mainz nach Berlin P. über Frankf.-Sangerhs.-Magdeburg.	34	36	—
36	Gertenbach	–	|	—	—	|	—	8.06	—		16	—	3.03	—		41	43	—
42	Witzenhausen Nord	–	1 56		—	4 19	—	16	—		25	—	12	—		50	52	—
47	**Eichenberg** (85) §	an	2 06	2 24	—	4 29	—	8.26	—	11.46	12.35	—	3.21	—		6 00	10 01	—
		ab	→	2 31	—	4 46	—	8.28	—	11.47	12.38	—	3.22	—		6 16	10 09	—
51	Ahrenshausen	–	—	Von Baden-Baden n. Berlin S. üb. Frankfurt a. M.-Dessau.	—	52	—	34	—	|	44	-	28	—		22	15	—
58	Uder	–	—		—	5 02	—	44	—		54	—	38	—		32	24	—
62	Heiligenstadt	–	—		—	10	—	52	—	12.03	1.04	—	46	—	4.40	42	38	—
69	Bodenrode	–	—		—	20	—	9.03	—		14	—	56			54	44	—
74	Beuren	–	—		—	29	—	12	—		23	—	4.05			7 04	54	—
78	**Leinefelde** (81)	an	—		—	5 35	—	9.18	—	12.22	1.29	—	4.11		5.01	7 10	11 01	—
		ab	—		—	5 41	—	9.20	—	12.23	1.33	—	→	4.15	5.02	7 22	11 08	—
82	Hausen	–	—		—	47	—	26	—		39	—	Nur Sonnabends.	21		29	|	—
85	Niederorschel	–	—		—	52	—	31	—		44	—		26		35	17	—
90	Bernterode	–	—		—	6.00	—	39	—		51	—		34		48	25	—
94	Sollstedt	–	—		—	06	—	45	—		57	—		40		49	31	—
99	Niedergebra	–	—		—	14	—	53	—		2.04	—		48		57	39	—
102	**Bleicherode** Ost	an	—		—	6.19	—	9.58	—	12.43	2.09	—		4.53	5.22	8 02	11 14	—
105	*Bleicherode Stadt (82)*	an	—	—	—	W6.44	-	W10.21 S10.42	—	12 56	W 3.07	—	—	6 28	6 28	—	—	—
102	**Bleicherode** Ost	ab	—	🚌	—	6.20	—	9.59	—	12.44	2.10	—	—	4.54	5.23	8 08	11 45	—
106	Pustleben	–	—		—	27	—	10.07	—	|	16	—	—	5.00		10	52	—
112	Wolkramshausen	–	—		—	36	—	16	—		24	—	—	09		20	12 01	—
116	Grosswerther	–	—		—	42	—	22	—		30	—	—	15		26	|	—
120	**Nordhausen** (78. 103)	an	—	3 38	—	6 48	—	10 28	—	1.01	2 36	—	—	5.21	5.40	8 33	12 12	—
138	*Berga-Kelbra*	an	—	W4 55	—	7.34	—	11.01	—	W 1.38	3.13	—	—	6 24	6 01	9 35	3 21	—
158	*Sangerhausen*	an	—	4 14	—	8.10	—	11.31	—	1.38	3.45	—	—	6 58	6 22	10 09	3 55	—
218	*Halle (Saale) (90)*	an	—	6.14	—	10.13	—	1.28	—	2.42	5.48	—	—	■8 52	■8 52	12 20	6.14	—
255	*Leipzig Hbf.*	an	—	7.38	—	11.14	—	2.40	—	4.38	7 42	—	—		11 14	6.22	7.38	—

§ Sämtliche Züge zwischen Cassel u. Eichenberg siehe Abt. 80. ■ nur Sonnabends u. S ab 1./5.

77. (Halle-) Nordhausen – Cassel.

km	R. B. D. Cassel.	Kl.		D46 1-3	146 1-3	588 2-4		572 2-4		574 2-4	D 28 1-3	850 W 3-4	D106 1-3	788 2-4	BP868 2-4	D 74 1-3	576 2-4	578 2-4
	Leipzig Hbf.	ab	—	5.01	—	9 59	—	12 14 5 05		7.39	—	—	12.56	—	—	—	12.56	5.01
	Halle (Saale) (90)	ab	—	6 25	—	11 17	-	§W5 08 §6.07	-	8.47	—	—	1.35	—	—	—	1.52	6 25
	Sangerhausen	ab	—	1 00	—	1 40	-	■7.09 S 7.28	-	11.00	12.09	1.05	2.43	--	3.46	—	4.10	8 24
	Berga-Kelbra	ab	—	—	—	2 11	-	■7.44 S 7.59	-	11.31	12.31	1.36	W 1.36	—	4.10	—	4.47	8 56
0	**Nordhausen** (78)	ab	—	1 34	—	4 18	§ ab 1./5. täglich.	8 30	⊛ ab 1./5.	12 02	12.55	2.15	3 24	—	4.31	--	5 37	9 30
4	Grosswerther	–	—	🚌	—	21		38		11	Von Berlin P. nach Mainz üb. Magdebg.-Sangerhausen-Frankf. a. M.	25	✕	—	|	—	45	38
8	Wolkramshausen	–	—		—	29		46		19		33		—	4.45	—	54	46
14	Pustleben	–	—		—	38		55		28		43		—	|	—	6 03	55
18	**Bleicherode Ost**	an	—		—	4 44		9 01		12.34	1.17	2.49	3.45	—	4.57	—	6 09	10 01
	Bleicherode Stadt (82)	ab	—	—	—	—	—	8.39	-	W12.23 S12.48	–	1.42	—	—	W4.35	—	5 52	--
18	**Bleicherode** Ost	ab	—	Von Berlin S. üb. Dessau-Frankfurt a. M. nach Baden-Baden.	—	4 46	■ bis 30./4. täglich, ab 1./5. nur W.	9.02	—	12.35	1.18	2.50	3 46	Von Hannover	4.58	—	6 12	10 02
21	Niedergebra	–	—		—	52		09	—	42		2.58	V. Sagan nach Cassel.		V. Berlin P. über Magdeburg-Bebra nach Frankfurt a. M.	—	22	09
26	Sollstedt	–	—		—	5 00		17	—	51		3.09				Von Hannover	33	18
30	Bernterode	–	—		—	07		25	—	58		17					42	26
35	Niederorschel	–	—		—	16		34	—	1.07		26					52	35
38	Hausen	–	—		—	23		41	—	14		33					7 00	|
42	**Leinefelde** (81)	an	—		—	5 31		9.49	—	1.22	1 47	3.40	4.14		5 25		7 07	10 47
		ab	—		—	5 43		9.55	—	1.29	1.48	→	4.15		5 26		7 17	10 50
46	Beuren	–	—			49		10.02	—	36	|						24	57
51	Bodenrode	–	—			57		10	—	44	✕	—					32	11 05
58	Heiligenstadt	–	—			6.09		20	—	54	2.06	—	4.32		5 44		48	14
62	Uder	–	—			17		27	—	2.02		—					50	21
69	Arenshausen	–	—			28		37	—	12		—		↓			8 00	31
73	**Eichenberg** (85) §	an	—	2 47	↓	6.36		10.43	—	2.18	2.25	—	4.49	5.01	6 01 →	6 13	8 06	11 37
		ab	—	2 50	3 00	6.43		10.47	—	2.50	2.26	—	4.50	5.06	6 18	6 16	8 10	11 40
78	Witzenhausen Nord	– (Siehe auch Abt. 80.)	—		08	51		56	—	59		—		15		✕	18	48
84	Gertenbach	–	—			7.01		11.04	—	3.10		—		23			27	|
87	Hedemünden	–	—			08		11	–	18		—		30			34	12 00
96	**Hann. Münden** (70)	an	—		3 26	7.18		11.23	—	3.29		—		5.42		6 39	8 45	12 11
		ab	—		3 27	7.24		11.25	—	3.33		—		5.44		6 40	8 46	12 12
102	Wilhelmshausen	–	—			33	—	34	—	43		—		54			56	|
105	Speele	–	—			39	—	38	—	49		—		6 01			9 02	
109	Kragenhof	–	—			46	—	46	—	57		—		09			09	
111	Ihringshausen	–	—			52	—	54	—	4.05		—		16			16	12 33
115	Niedervellmar	–	—			59	—	12.02	—	13		—		24			28	
120	**Cassel O.** (76) §	an	—		3 55	8 07	—	12 09	—	4 21	3.16	–	5.39	6 32		7 09	9 31	12 46

§ Sämtliche Züge zwischen Eichenberg u. Cassel siehe Abt. 80.

Arbeiter-Wochenkarte von 1937 mit handschriftlichen Einträgen des Fahrziels, des Fahrpreises und der Entfernung

wurde bis Stolberg verlängert, was für 1914/15 vorgesehen war. Infolge der Kriegs- und Nachkriegsereignisse verzögerte sich das um fast ein Jahrzehnt, und das Stück von Rottleberode bis Stolberg wurde am 1. März 1923 eingeweiht.

Am 1. Oktober 1894 wurde die 9 km lange Stichbahn Teutschenthal–Salzmünde eingeweiht. Diese Nebenbahn war mit einer maximalen Neigung von 12,5 ‰ und für eine Geschwindigkeit von 30 km/h ausgelegt.

1893 war der Bau einer Eisenbahnstrecke Schlettau–Schafstädt–Merseburg geplant. Dazu wurden noch im gleichen Jahr im Bahnhof Schlettau Umbauten für 250 000 Mark vorgenommen. Die Strecke wurde dann jedoch auf das Teilstück Schlettau–Lauchstädt reduziert und am 1. Mai 1897 eröffnet.

Leinefelde fand seine abschließende Gestaltung als Eisenbahnknotenpunkt des Eichsfeldes mit der Einmündung der Strecke Wulften–Leinefelde am 1. Oktober 1897. Bei der Entstehung dieser Strecke gab es in der Haltung des Kreises Worbis Parallelen zur „Halle-Casseler Zweigbahn". Da nicht allen Wünschen des Kreises Worbis hinsichtlich der Linienführung Rechnung getragen werden konnte, weigerte sich der Kreis, seinen Beitrag zur Finanzierung der Strecke zu leisten. Und so kam es, daß das Teilstück Wulften–Duderstadt bereits am 31. Oktober 1889 feierlich eröffnet wurde, die Gesamtstrecke aber erst acht Jahre später.

Damit war die letzte Strecke der in die Halle-Kasseler Eisenbahn einmündenden Bahnen im 19. Jahrhundert eröffnet worden. In den Jahren 1908 bis 1916 folgten dann noch vier Strecken. Am 1. Oktober 1908 wurde das Streckenstück Bleicherode–Großbodungen der geplanten Verbindungsstrecke Bleicherode–Herzberg (Harz) eröffnet. Auf den Tag zwei Jahre darauf wurde der Streckenabschnitt Großbodungen–Bischofferode in Betrieb genommen. Diese Teilinbetriebnahmen machten sich erforderlich, um die Kalisalze so schnell wie möglich abfahren zu können. Schachtanlagen in Kleinbodungen, Großbodungen (Neu-Bleicherode) und Bischofferode, zum Teil mit bis zu 4,5 km langen Anschlußbahnen mit dieser Strecke verbunden, waren um die Jahrhundertwende erschlossen und abgeteuft. Die Gesamtstrecke zwischen Bleicherode und Herzberg wurde am 31. Oktober 1911 feierlich eingeweiht.

Am 1. Oktober 1914 folgte mit der Einweihung der Strecke Heiligenstadt–Schwebda eine weitere Nebenbahn von lokaler Bedeutung. Ihr erstes Teilstück zwischen Heiligenstadt und Heili-

Weicheneinbau auf dem Westberg des Bahnhofs Nordhausen (1937)
Foto: Reichsbahndirektion Kassel

Das Dienstgebäude der Bahnmeisterei Eisleben in den dreißiger Jahren
Foto: Reichsbahndirektion Halle

Kassel 60/455

Der Versammlungsraum der Bahnmeisterei Eisleben um 1935
Foto: Reichsbahndirektion Halle

Nach getaner Arbeit konnte hier gebadet werden (Bahnmeisterei Eisleben, 1935)
Foto: Reichsbahndirektion Halle

genstadt Ost von 2,58 km Länge wurde gut vier Wochen früher, am 28. August 1914, in Betrieb genommen. Diese Strecke war wegen ihrer baulichen Gestaltung interessant. Drei Viertel der 32,06 km langen Strecke waren geneigt, die größte Neigung betrug 50 ‰. Zur Überwindung dieser Neigung waren Zahnstangenabschnitte von insgesamt 5,02 km Länge eingebaut. Im Jahr 1920 wurde sie als erste Eisenbahnstrecke Deutschlands vom Zahnstangenbetrieb auf reinen Adhäsionsbetrieb umgestellt.

Am 15. Dezember 1915 wurde die im Tal der Gelster verlaufende Strecke Eichenberg–Großalmerode Ost–Walburg (Gelstertalbahn) eröffnet.

Alle bisher erwähnten Strecken waren Staatsbahnen, die zur Königlich Preußischen Eisenbahnverwaltung (KPEV) gehörten. 1916 wurde die erste und einzige private Eisenbahnstrecke eröffnet, zu der Übergangsmöglichkeiten zu und von der Strecke Halle–Kassel bestanden. Es handelte sich um die Kyffhäuser-Kleinbahn von Berga-Kelbra nach Artern. Aktionäre dieser Privatbahn waren die Anliegerorte. Neben ihrer Bedeutung für den Personenverkehr war sie besonders für den Transport der Zuckerrüben von den Anliegerorten zu den Zuckerfabriken interessant. Der erste Streckenteil von Berga-Kelbra bis Hackpfüffel wurde am 1. Juli 1916 in Betrieb genommen. Die Gesamtstrecke folgte am 1. Oktober des gleichen Jahres. Die Betriebsführung lag in der Hand der beiden Zugleitstellen Kelbra und Artern.

Auch die beiden Endpunkte der Strecke, Halle und Kassel, waren im Zusammenhang mit ihrer wachsenden verkehrlichen Bedeutung, die nicht nur von der Halle-Kasseler Bahn herrührte, Veränderungen und Erweiterungen unterworfen.

Der Bahnhof Halle war aus unterschiedlichen Anlagen der verschiedenen Eisenbahngesellschaften entstanden. Die „Halle-Casseler Zweigbahn"

Der Bahnhof Halle (Saale) im Jahre 1901

...und im Jahre 1912
Fotos: Göttinger Bildwerk e. V.

Bau der Saale-Flutbrücke bei Halle im Jahre 1916
Fotos: Reischbahndirektion Halle

Die Saalebrücke bei Halle um 1930
Foto: Reichsbahndirektion Halle

Bahnhof Halle (Saale). Die Bahnsteigüberdachung für die Bahnsteige 1 und 2 im Bau (1930/31)

... und die fertigen Bahnsteige im Jahre 1932
Fotos: Reichsbahndirektion Halle

Blick auf den Westteil des Bahnhofs Halle (Saale) mit dem neuen Eingang in der Thielenstraße (1932)
Foto: Reichsbahndirektion Halle

Die Bahnhofshalle des Bahnhofs Halle (Saale) mit den Bahnsteigsperren (1939)
Foto: Reichsbahndirektion Halle

Die stromlinienverkleidete 01 389 im Bahnhof Halle (Saale)
Foto: Reichsbahndirektion Halle

mündete in die Anlagen der Magdeburg-Leipziger Eisenbahn-Gesellschaft. Das 1857 fertiggestellte gemeinsame Empfangsgebäude war damit völlig überlastet. Es wurde 1866/67 auf Kosten der Magdeburg-Leipziger und der Berlin-Anhalter Eisenbahn-Gesellschaft umgebaut, wobei man den Magdeburg-Leipziger Teil nach Osten hin erweiterte.

Doch auch das reichte nicht aus, zumal weitere Linien in den Bahnhof eingeführt wurden. Hinsichtlich der uns interessierenden Strecke war es insbesondere erforderlich, den Personenbahnhof zu erweitern, denn er besaß für die fünf Richtungen von Magdeburg, Leipzig, Aschersleben, Sorau und Kassel nur drei Bahnsteiggleise mit drei schmalen Bahnsteigen. Weiterhin bestand die

Das Empfangsgebäude des Bahnhofs Kassel Hbf um 1930
Foto: Bundesbahndirektion Frankfurt am Main

Notwendigkeit, die Halle-Kasseler und die Halle-Sorauer Linie (über Eilenburg) zu einer Durchgangslinie zu verbinden. Und letztlich war auch der Güterbahnhof zu erweitern.

Der endgültige Entwurf wurde nach mehrfachen Änderungen 1885 bestätigt. Im Juli 1889 konnte der neue Güterbahnhof für den Gesamtverkehr eröffnet werden. Im Herbst desselben Jahres wurde der Rohbau des Empfangsgebäudes für den Personenbahnhof fertiggestellt. Im Winter 1889/90 wurde die Kuppel über der Haupthalle errichtet und mit dem Ausbau begonnen. Etwa gleichzeitig wurde an den Gleisanlagen südlich des Empfangsgebäudes und an den Bahnsteigen gearbeitet. Am 8. Oktober 1890 konnte der neue Personenbahnhof in Anwesenheit hoher Vertreter der preußischen Regierung, der Königlichen Eisenbahndirektion Magdeburg und des Magistrats der Stadt feierlich seiner Bestimmung übergeben werden.

Kassel kann für sich in Anspruch nehmen, einen der ersten Hauptbahnhöfe überhaupt zu besitzen. Die kurfürstliche Regierung hatte sich bereits am 29. April 1848 für einen gemeinschaftlichen Bahnhof der Friedrich-Wilhelm-Nordbahn und der Main-Weser-Bahn entschieden, der auch die Hannoversche Südbahn Hannover–Göttingen–Hann. Münden–Kassel aufnehmen sollte.

Das war für die damalige Zeit eine außergewöhnlich progressive Entscheidung. 1852 wurde mit dem Bau des Hauptbahnhofs begonnen. 1856 war er im wesentlichen vollendet.

Im Zusammenhang mit seiner Anpassung an die Verkehrsentwicklung war er immer wieder bauli-

Luftaufnahme des Kasseler Hauptbahnhofs um 1930
Foto: Reichsbahndirektion Kassel

Der Bahnhof Kassel Hbf im Jahre 1936
Foto: Sammlung Eberth

chen Veränderungen unterworfen. Der Kopfbau des Empfangsgebäudes blieb jedoch unverändert bis zu seiner Zerstörung 1943 bestehen. Bedeutendere Umbaumaßnahmen fanden 1890, vor allem aber von 1911 bis 1913 statt. Da die Gleisanlagen des Personenbahnhofs nur nach Norden erweitert werden konnten, mußten dabei die alten Flügelbauten des Empfangsgebäudes entlang der Einmündung der Gleise aus Richtung Hann. Münden entfernt und ein neuer Abschlußbau an der Nordostecke des Empfangsgebäudes errichtet werden. Gleichzeitig erhielt der Hauptbahnhof neue Bahnsteighallen.

Technische Ausstattung, Streckenbelastung, Fahrpläne

Die hohen Telegraphenstangen mit Signalflügeln, die bis 1876 bei der „Halle-Casseler Zweigbahn" an den im Sichtabstand voneinander entfernten Bahnwärterhäuschen standen, wurden durch das in jenem Jahr erlassene Reichseisenbahngesetz unwirksam. Bahnwärtersignale lösten sie ab, die bei Tage mit einer roten Fahne,

Fahrplan für die Strecke Halle–Cassel vom 1. August 1879

Frankfurt-Bebraer Eisenbahn.

Fahrplan, vom 1. August 1879.

Ortszeit.

Cassel-Halle.

Stationen.	52.	302.	54.	56.	10.	64.	58.	6.	62.	60.
Wgcl.	1—4.	2—4.	1—4.	1—4.	1—4.	1—4.	1—4.	1—3.	1—4.	1—4.
Cassel . . ab	—	—	—	6.50	11.20	—	—	4.15	—	7.25
Kragenhof . . „	—	—	—	7.08	11.38	—	—	4.31	—	7.43
Münden . an	—	—	—	7.27	11.57	—	—	4.47	—	8.02
Münden . ab	—	—	—	7.31	12.01	—	—	4.50	—	8.07
Hedemünden . „	—	—	—	7.44	12.13	—	—	—	—	8.19
Witzenhausen . „	—	—	—	8.00	12.29	—	—	—	—	8.35
Eichenberg an	—	—	—	8.11	12.40	—	—	5.20	—	8.47
aus Göttingen.	—	—	—	6.00	9.16	2.42	—	4.36	—	8.05
Eichenberg ab	—	—	—	8.14	12.59	3.11	—	5.32	—	8.55
Arenshausen . „	—	—	—	8.21	1.06	3.18	—	—	—	9.02
Heiligenstadt . „	—	—	—	8.41	1.27	3.37	—	—	—	9.21
Leinefelde an	—	—	—	9.06	1.50	4.00	—	6.09	—	9.45
Leinefelde ab	—	—	—	9.12	1.55	—	—	6.11	—	9.49
Gernrode . . „	—	—	—	9.24	2.07	—	—	—	—	9.59
Sollstedt . . „	—	—	—	9.37	2.20	—	—	—	—	10.12
Bleicherode . „	—	—	—	9.51	2.34	—	—	—	—	10.25
Wolkramshausen „	—	—	—	10.06	2.49	—	—	—	—	10.40
Nordhausen an	—	—	—	10.18	3.01	—	—	6.53	—	10.52
Nordhausen ab	4.30	—	6.35	10.35	3.11	—	5.07	6.56	7.80	—
Heringen . . „	4.41	—	6.46	10.46	3.22	—	5.18	—	7.42	—
Aumühle . . „	—	—	6.54	—	—	—	—	—	7.50	—
Berga-Kelbra „	—	—	7.02	—	—	—	—	—	7.59	—
Rossla . . . „	5.02	—	7.11	11.06	3.43	—	5.40	7.19	8.09	—
Wallhausen . „	5.16	—	7.25	11.19	3.56	—	5.54	—	8.23	—
Sangerhaus. an	5.26	—	7.35	11.28	4.06	—	6.04	7.35	8.33	—
Sangerhausen . ab	5.33	—	7.37	11.45	4.11	—	6.08	7.50	—	—
Riestedt . . . „	5.49	—	7.51	11.59	4.17	—	6.23	—	—	—
in Sandersleben	6.39	—	8.39	12.48	5.17	—	7.13	8.42	—	—
„ Güsten . .	6.59	—	9.05	1.13	5.39	—	7.39	9.01	—	—
„ Stadt-Calbe .	7.33	—	10.27	4.39	6.10	—	—	9.20	—	—
„ Güterglück .	8.09	—	10.59	—	6.43	—	—	9.40	—	—
Berlin(Drsd.Bfh.)	11.15	—	—	—	9.49	—	—	11.38	—	—
Sangerhaus. ab	5.48	6.16	—	11.32	4.29	—	—	7.39	8.40	—
Riestedt . . „	6.03	7.00	—	11.46	4.44	—	—	—	8.56	—
Eisleben . . „	6.31	7.40	—	12.13	5.10	—	—	8.10	9.26	—
Ober-Röblingen „	6.47	an	—	12.28	5.25	—	—	—	9.42	—
Teutschenthal . „	7.00	—	—	12.40	5.38	—	—	—	9.55	—
Schlettau . . „	7.15	—	—	12.55	—	—	—	—	10.10	—
Halle . . . an	7.30	—	—	1.10	6.04	—	—	8.50	10.25	—

Halle-Cassel.

Stationen.	59.	63	9.	3.	57a.	57b.	417.	55.	53.	
Wgcl.	1—4.	1—4.	1—4.	1—3	1—4.	1—4.	2—4.	1—4.	1—4.	
Halle . . . ab	5.15	—	9.54	11.36	2.00	—	—	—	9.45	—
Schlettau . . „	5.29	—	10.08	—	2.15	—	—	—	9.59	—
Teutschenthal . „	5.42	—	10.21	—	2.29	—	—	—	10.13	—
Ober-Röblingen „	5.54	—	10.33	—	2.43	—	—	—	10.26	—
Eisleben . . . „	6.15	—	10.53	12.20	3.07	—	5.07	—	10.49	
Riestedt . . . „	6.40	—	11.10	—	3.33	—	6.09	—	11.14	—
Sangerhaus. an	6.48	—	11.26	12.47	3.41	—	6.22	—	11.22	—
aus Berlin (Drsd.Bf.)	—	—	6.00	9.00	—	—	—	—	6.00	—
„ Güterglück .	—	—	8.35	10.57	—	—	—	5.10	9.00	—
„ Stadt Calbe .	—	—	9.01	11.16	—	—		5.46	9.33	—
„ Güsten	5.38	—	9.45	11.35	—	3.30	—	7.50	10.11	—
„ Sandersleben .	6.00	—	10.10	11.54	—	3.56	—	8.17	10.31	—
Riestedt . . . ab	6.50	—	11.18	—	—	4.43	—	9.11	11.24	—
Sangerhausen . an	6.58	—	11.26	12.36	—	4.52	—	9.20	11.33	—
Sangerhaus. ab	7.03	—	11.31	12.54	3.47	4.54	—	9.25	11.37	—
Wallhausen . „	7.13	—	11.41	—	3.58	5.04	—	9.35	11.47	—
Rossla . . . „	7.27	—	11.55	1.13	4.14	5.19	—	9.51	12.01	—
Berga-Kelbra. „	7.33	—	—	—	—	—	—	9.57	—	—
Aumühle . . „	7.42	—	—	—	—	—	—	10.03	—	—
Heringen . . „	7.50	—	12.14	—	4.33	5.39	—	10.14	12.19	—
Nordhausen an	8.01	—	12.25	1.35	4.44	5.50	—	10.25	12.30	—
Nordhausen ab	8.06	—	12.55	1.39	5.02	—	—	—	—	—
Wolkramshausen „	8.21	—	1.10	—	5.16	—		—	—	—
Bleicherode . „	8.34	—	1.23	—	5.31	—	—	—	—	—
Sollstedt. . . „	8.46	—	1.35	—	5.45	—	—	—	—	—
Gernrode . . „	9.00	—	1.49	—	6.01	—	—	—	—	—
Leinefelde an	9.12	—	2.01	2.28	6.14	—	—	—	—	—
Leinefelde ab	9.16	1.02	2.05	2.30	6.19	—	—	—	—	—
Heiligenstadt . „	9.35	1.28	2.25	—	6.38	—	—	—	—	—
Arenshausen . „	9.50	1.44	2.40	—	6.53	—	—	—	—	—
Eichenberg an	9.58	1.52	2.48	3.02	7.01	—	—	—	—	—
in Göttingen .	10.35	2.27	7.36	7.36	11.05	—	—	—	—	—
Eichenberg ab	10.06	—	3.16	3.06	7.11	—	—	—	—	—
Witzenhausen . „	10.14	—	3.25	—	7.20	—	—	—	—	—
Hedemünden . „	10.27	—	3.38	—	7.33	—	—	—	—	—
Münden . an	10.38	—	3.49	3.32	7.45	—	—	—	—	—
Münden . ab	10.41	—	3.53	3.35	7.49	—	—	—	—	—
Kragenhof . . „	11.00	—	4.13	—	8.09	—	—	—	—	—
Cassel . . an	11.16	—	4.30	4.03	8.25	—	—	—	—	—

Bemerkung.

Die übrigen Personenzüge der Frankfurt-Bebraer Bahn mit Ausnahme des Schnellzuges 3, welcher 4 Minuten später von **Bebra** abgeht und 10 Minuten später in **Frankfurt** eintrifft, bleiben vom 1. August d. Jahres unverändert.

Vom 1. August d. J. an vermitteln:

Schnellzug 3 (9 Uhr Vormittags aus **Berlin** Dresd. Bhf.) in durchgehenden Wagen eine Verbindung über **Nordhausen** mit **Cassel** (Ankunft 4.03 Nachm.), **Giessen** (Ank. 6.58 Nachm.), **Ems** (Ank. 9.18 Nachm.), **Coblenz** (Ank. 9.47 Nachm.), **Trier** (Ank. 12.10 Nachts), und **Frankfurt** (Ank. 8. 25 Abends), und

Schnellzug 6 eine desgleichen von **Paris, Metz** und **Trier** (Abg. 7.34 Vorm.), **Coblenz** (Abg. 10.12 Vorm.), **Ems** (Abg. 10.41 Vorm.), **Giessen** (Abgang 1.21 Nachm.), **Cassel** (Abg. 4.15 Nachm.), **Frankfurt** (Abg. 12.15 Nachm.) bis **Berlin** (Ankunft 11.38 Nachm. Dresd. Bhf.)

Mittagspause ist beim Zug 3 in **Sangerhausen**, beim Zug 6 auf der Route **Trier-Berlin** in **Giessen** vorgesehen.

Königliche Eisenbahn-Direction zu Frankfurt a. M.

Der Bahnhof Nordhausen um 1925, jetzt mit dem Uhrturm
Foto: Sammlung Lauerwald

bei Nacht mit einer je nach der Art des Signals unterschiedlich abgeblendeten Laterne gegeben wurden. Ihnen folgten später ortsfeste Signale an den sog. Blockstationen, die die Blockabschnitte begrenzten.

Um die Zugfolge im Raumabstand zu gewährleisten, durfte sich jeweils nur ein Zug in einem Blockabschnitt befinden. Der nächste durfte erst folgen, wenn der vorausgefahrene Zug den Blockabschnitt verlassen hatte. Die Verständigung darüber erfolgte zwischen den Blockstationen per Morsetelegraphie, ehe schrittweise blockelektrische Abhängigkeiten hergestellt wurden.

Um die Jahrhundertwende erhielten die Einfahr- und Blocksignale Vorsignale. 1912 wurden neue Doppellichtsignale in einer konzentrierten Aktion in Betrieb genommen, am 20. Mai zwischen Sangerhausen und Kassel und zwei Tage später zwischen Halle und Sangerhausen.

Unter diesen Doppellichtsignalen sind die Signale 5 und 9 des Signalbuchs der Preußisch-Hessischen Staatseisenbahnen, gültig vom 1. August 1907 an, zu verstehen. Den Zügen wurde beim Signal 5 – Strecke muß mit einer geringeren als der fahrplanmäßigen Geschwindigkeit befahren werden – und beim Signal 9 –Vorsignal – jeweils die Geschwindigkeitsherabsetzung bzw. das „Halt erwarten" mit zwei statt bisher einem Lichtzeichen angekündigt. Damit wurde ein Signalsystem eingeführt, das lange Zeit auf der Strecke bestand und eine weitere Erhöhung der Sicherheit mit sich brachte.

Ab 1920 verkehrten die Güterzüge mit durchgehender Druckluftbremse. Bei Reisezügen war sie bereits in den siebziger Jahren des 19. Jahrhunderts eingeführt worden.

Das Fahren luftgebremster Güterzüge war nicht nur ein wesentlicher Fortschritt zur Erhöhung der Sicherheit, sondern brachte auch erhebliche Personaleinsparungen mit sich. So waren die seit 1916 verkehrenden Gipszüge von Niedersachswerfen nach Leuna (mit 1 600 t Zugmasse!) mit 16 Bremsern besetzt, die auf die entsprechenden Pfeifsignale der Lokomotive per Handbremse den Zug bremsten oder zum Halten brachten. Je 100 t Zugmasse mußte zwischen Nordhausen

Die Eisenbahnstrecke Halle–Kassel und das sie umgebende Streckennetz im Jahre 1927

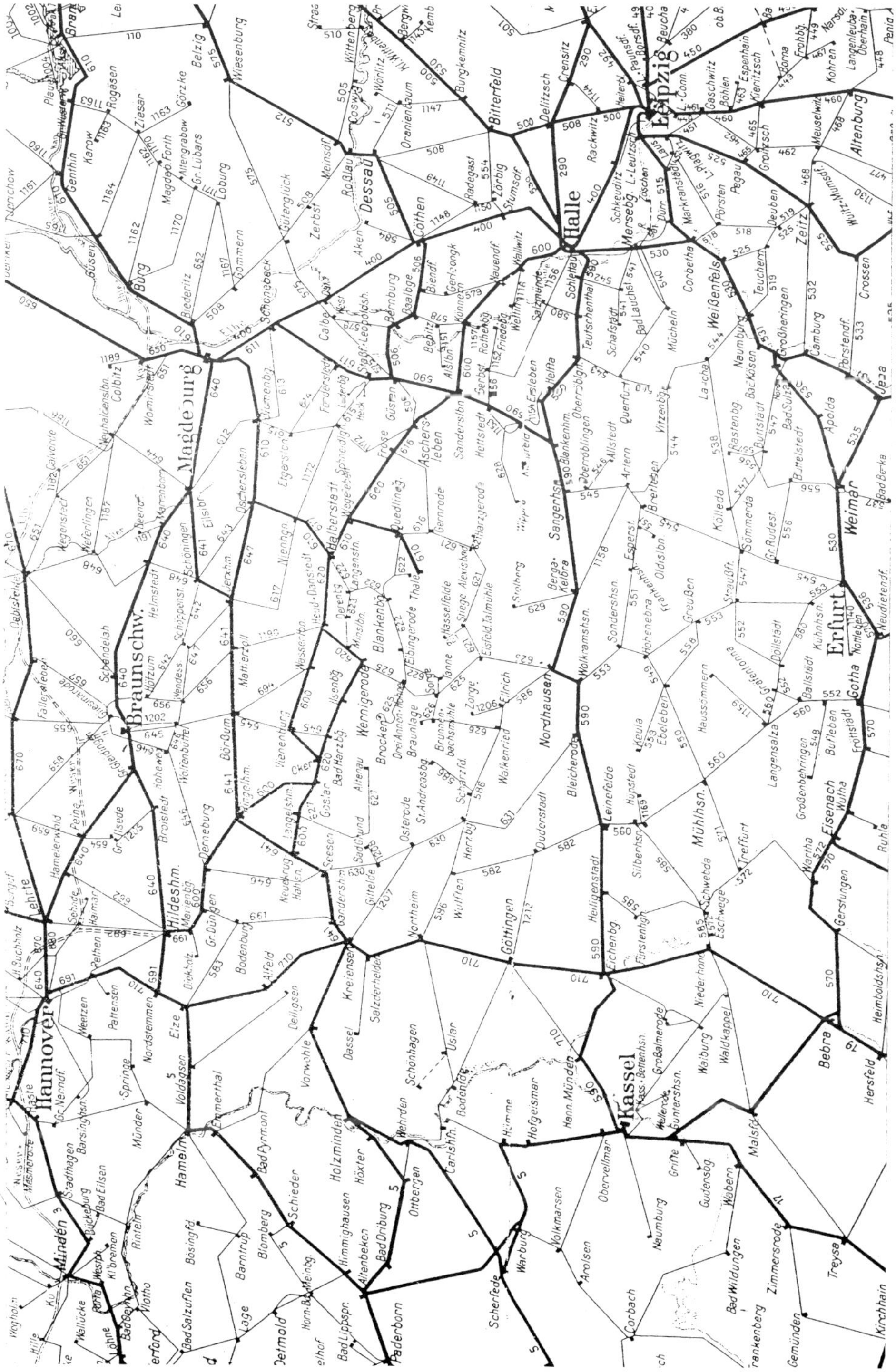
Hannover
Braunschw.
Magdeburg
Halle
Leipzig
Kassel
Erfurt
Weimar
Gotha
Eisenach
Göttingen
Hildeshm.
Dessau
Cöthen
Bitterfeld
Nordhausen
Mühlhsn.
Bebra
Paderborn
Minden
Hameln
Lehrte
Wernigerode
Halberstadt
Sangerhs.
Weißenfels
Zeitz
Altenburg
Jena
Apolda
Eichenbg.
Heiligenstadt
Kreiensen
Northeim
Warburg
Treysa
Hersfeld
Bad Oldesloe

Das Empfangsgebäude des Bahnhofs Sollstedt um 1935
Foto: Sammlung Lauerwald

Gleisbauarbeiten zwischen Hausen und Leinefelde am 23. Juni 1937
Foto: Reichsbahndirektion Kassel

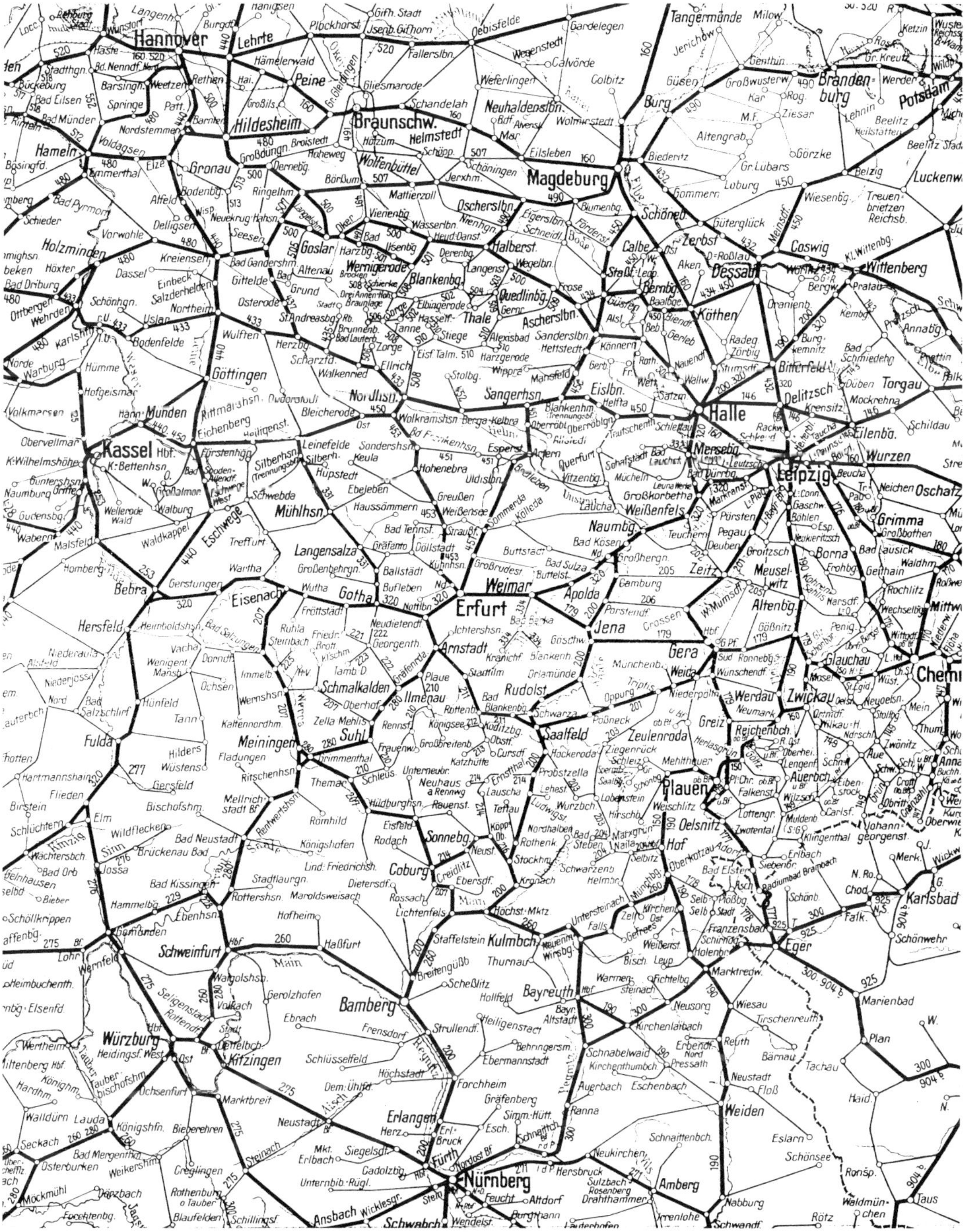

Ausschnitt aus dem Kursbuch 1937

und Halle eine besetzte Handbremse im Zug vorhanden sein.
Die Unterhaltung des Oberbaus und der Sicherungsanlagen lag in der Hand der Bahnmeistereien. Sie gab es außer an den beiden Endpunkten der Strecke in Schlettau b. Halle (S.), Teutschenthal, Oberröblingen, Eisleben, Riestedt, Sangerhausen, Roßla, Heringen, Nordhausen, Wolkramshausen, Bleicherode Ost, Sollstedt, Leinefelde, Heiligenstadt, Arenshausen, Eichenberg und Hann. Münden.
Aus den ursprünglichen Lokstationen in Eisleben, Nordhausen und Arenshausen entstand lediglich in Nordhausen ein Bahnbetriebswerk. Zudem bildeten sich an den Einmündungspunkten anderer Strecken in Oberröblingen, Sangerhausen und Eichenberg Bahnbetriebswerke und in Leinefelde ein Lokomotivbahnhof. Dazu kamen die großen Betriebswerke an den beiden Endpunkten der Strecke in Halle und Kassel.
Auf der Strecke Halle–Kassel verkehrten viele nationale und internationale Schnellzüge, zum Teil mit, zum Teil ohne Halt auf den Unterwegsbahnhöfen. 1889 beispielsweise fuhr erstmalig ein sog. Blitzzug mit der für diese Zeit beachtlichen Reisegeschwindigkeit von 75 km/h von Berlin über Blankenheim nach Frankfurt am Main. Er hielt in Nordhausen und in Eichenberg und brauchte für die Entfernung zwischen Berlin und Frankfurt am Main nur 9 Stunden und 12 min.
Der Engpaß der Strecke war der Abschnitt Blankenheim Trennungsbahnhof–Sangerhausen. Er mußte neben den zwischen Halle und Kassel verkehrenden Zügen die von Berlin kommenden, die der Kanonenbahn sowie die zwischen Erfurt und Magdeburg verkehrenden aufnehmen. Eine Ermittlung der Belastung des Streckenabschnitts Blankenheim Trennungsbahnhof–Sangerhausen im Jahre 1903 ergab täglich durchschnittlich 14 Schnellzüge, 21 Personenzüge, zwei gemischte Züge, fünf Eilgüterzüge, 38 Güterzüge, zwölf Bedarfsgüterzüge und 14 Lokomotivleerfahrten. Dazu kamen vier nur an Sonntagen verkehrende Reisezüge und zwei Rübenarbeiterzüge nach Bedarf. Ohne die letztgenannten Züge waren das immerhin 106 Züge. Diese für damalige Zeiten immense Belastung förderte Bahnprojekte, die den Engpaß mit dem Blankenheimer Tunnel zu umgehen gedachten.
1903 entstand das Projekt einer Sekundärbahn von Eisdorf nach Sangerhausen unter Umgehung des Blankenheimer Tunnels. Auch die Königliche Eisenbahndirektion Cassel, die die Betriebsführung der Strecke ab Blankenheim Trennungsbahnhof innehatte, zeigte gegenüber diesem Projekt großes Interesse. Das Vorhaben wurde mehrfach modifiziert, und die Strecke sollte schließlich von Querfurt nach Sangerhausen führen. Es wurde letztlich ein Opfer der weiteren politischen und wirtschaftlichen Entwicklung, denn die Deutsche Reichsbahn-Gesellschaft wies am 29. April 1927 den Bau mit der Begründung zurück, daß sie die Bahn in den gegenwärtig schwierigen Zeiten nicht finanzieren könne.
Die starke Belegung der Strecke durch Reisezüge aller Gattungen und durch Güterzüge hielt ständig an. Zu einer Unterbrechung kam es lediglich nach dem ersten Weltkrieg und in der anschließenden wirtschaftlichen Depression. Auf Verordnung der Reichsregierung vom 31. Oktober 1919 mußte der Personenverkehr vom 5. bis zum 15. November 1919 eingestellt werden.
Zwischen Halle und Sangerhausen verkehrten lediglich ein Zug zwischen Halle und Sangerhausen, ein Zug zwischen Teutschenthal und Sangerhausen, ein Zug zwischen Oberröblingen und Sangerhausen. In der Gegenrichtung fuhren zwei Züge zwischen Sangerhausen und Halle und ein weiterer zwischen Sangerhausen und Teutschenthal.
Ähnlich sah es auch auf den anderen Abschnitten der Strecke aus. Später verkehrten wieder zwischen sechs und zehn Schnell- und Eilzüge pro Tag in jeder Richtung. Im Sommer 1939 waren es beispielsweise fünf D-Zug-Paare und vier Eilzugpaare.

Die Strecke im zweiten Weltkrieg

Mit dem Ausbruch des zweiten Weltkriegs ging schrittweise die Zahl der planmäßigen Reise- und

Güterzüge zurück. Trotzdem nahm die Streckenbelastung im erheblichen Maße zu. Truppentransporte und Fronturlauberzüge belasteten die Strecke derart, daß durch die Einrichtung zusätzlicher Blockstellen, beispielsweise in Hausen oder in Westhausen zwischen Bodenrode und Heiligenstadt, die Streckendurchlaßfähigkeit erhöht werden mußte. Auf den einzelnen Dienstposten lagen Fahrpläne sowohl für den Regelverkehr als auch für militärische Transporte aus. Letztere hatten eine kaum vorstellbare Größe. Auch im Regelfahrplan nahm von Fahrplanabschnitt zu Fahrplanabschnitt die Zahl der Reisezüge für Fronturlauber mit Wagen für den öffentlichen Verkehr (SF, SFD, SFE, SFP) zu. Die immensen Transportleistungen, die die Deutsche Reichsbahn-Gesellschaft in diesem Krieg vollbringen mußte, wirkten sich auf die Strecke Halle–Kassel aus. Und das bei verringerter Beschäftigtenzahl. Viele Eisenbahner standen im Dienste der Feldeisenbahndirektionen in den besetzten Gebieten oder waren

Das Stellwerk To des Bahnhofs Teutschenthal im Jahre 1940

... und eine Innenansicht
Fotos: Reichsbahndirektion Halle

Das Fahrdienstleiterstellwerk in Teutschenthal im Jahre 1940
Foto: Reichsbahndirektion Halle

Das Befehlsstellwerk des Bahnhofs Sollstedt im Jahre 1942
Foto: Reichsbahndirektion Kassel

zur Wehrmacht eingezogen. Der Mangel an Personal und Material führte außerdem dazu, daß die planmäßigen Reparatur- und Erhaltungsmaßnahmen am Oberbau, an den Hochbauten, den Sicherungsanlagen sowie am Lokomotiv- und Wagenpark unterblieben. Es wurde voll auf Verschleiß gefahren.

Von 1944 bis Anfang 1945 rollten die Fernraketen V1 und V2, die aus den Rüstungswerkstätten des Mittelwerks im Kohnstein bei Nordhausen kamen, über die Strecke an die Westfront. Im Zusammenhang mit der Verlagerung der Raketenwaffenproduktion aus den bombenzerstörten Fertigungsstätten in Peenemünde und Wiener Neustadt in das Kohnsteinmassiv wurde 1943 ein Konzentrationslager an diesem neuen Rüstungs-

standort errichtet. Bis zum Kriegsende waren Häftlingstransporte auf der Schiene nach und von dem Konzentrationslager Mittelbau-Dora keine Seltenheit mehr.
Die Raketenwaffen aus dem Kohnsteinmassiv konnten den Kriegsverlauf allerdings nicht beeinflussen. Der Krieg kehrte immer schneller zu seinem Ausgangspunkt zurück. Die Luftherrschaft über Deutschland hatte die deutsche Luftwaffe sehr schnell verloren, und schon am 17. August 1940 war der erste Luftangriff auf einen Zug auf der Strecke Halle–Kassel. Gegen 0.13 Uhr wurde kurz vor Sangerhausen der aus Halle kommende Personenzug von Flugzeugen mit Maschinengewehren angegriffen. Es entstand kein Personenschaden, der Sachschaden war unbedeutend. Dieser erste Angriff blieb auf lange Zeit der einzige, wenn auch häufig Fliegeralarm ausgelöst wurde. Das wurde ab 1943 anders. Die Fliegerangriffe häuften sich. Ob bei Tage oder bei Nacht, immer öfter machten feindliche Flugzeuge Jagd auf Züge, wurden Angriffe auf Bahnhöfe und Bahnanlagen geflogen. Insbesondere wurden davon die beiden Endpunkte der Strecke, die Bahnhöfe Halle (Saale) Hbf und Kassel Hbf, sowie der Bahnhof Sangerhausen betroffen.
Der Kasseler Hauptbahnhof wurde bereits bei einem Fliegerangriff am 8. September 1941 von zahlreichen Brandbomben getroffen. Der Südflügel mit dem Bahnpostamt und der südliche Teil des Mittelgebäudes mit den Wartesälen 2. und 3. Klasse standen in Flammen. Bei den verheerenden Luftangriffen auf Kassel am 22. Oktober 1943, bei denen die Innenstadt in Schutt und Asche sank und nahezu 10 000 Menschen umkamen, wurde auch der Bahnhof fast vollständig zerstört. Der gesamte Zugverkehr mußte auf die Vorortbahnhöfe umgeleitet werden. Am 27. Oktober 1943 konnte der D-Zugverkehr über den Hauptbahnhof wieder aufgenommen werden.
In der Folgezeit war der Hauptbahnhof Kassel immer wieder Ziel von Luftangriffen. Am 22. Oktober 1943 wurde die Güterabfertigung schwer getroffen. Am 22., 27. und 28. September 1944, am 30. Dezember 1944 und am 1. Januar 1945 waren die Anlagen des Hauptbahnhofs erneut Ziel alliierter Luftangriffe.
Der Bahnhof in Halle (Saale) wurde durch einen etwa eineinhalbstündigen Angriff britischer Bomberverbände in den Vormittagsstunden des 31. März 1945 schwer getroffen. 32 Bomben fielen auf das Bahnhofsgebäude und zerstörten die Bahnhofshalle und die Bahnsteige zu großen Teilen. Der Wartesaal 1. Klasse wurde in Schutt und Asche gelegt. Der Eilgutschuppen gegenüber dem Empfangsgebäude brannte völlig aus. Im Güterbahnhof waren die Stellwerksbereiche

Im strengen Winter 1941/42

Bei Fliegeralarm und Fliegerangriffen

läuft der Eisenbahnbetrieb weiter

werden Bahnhöfe möglichst rasch – auch vor planmäßiger Abfahrtzeit – von besetzten Zügen geräumt

fahren Züge unter Umständen auf Bahnhöfen ohne Halten durch

~~darf beim Halten eines Zuges auf freier Strecke nicht ausgestiegen werden~~

ist beim Halten auf Bahnhöfen ruhig auszusteigen und der nächste Sammelschutzraum (oder Schutzgraben) aufzusuchen, auf den zahlreiche Schilder hinweisen

ist jeder unnötige Aufenthalt auf Bahnhöfen zu vermeiden

sind die Verdunklungsmaßnahmen der Reichsbahn in den Zügen besonders sorgfältig zu beachten

Deutsche Reichsbahn

Bei Fliegeralarm und Fliegerangriffen

läuft der Eisenbahnbetrieb im allgemeinen weiter,

fahren Züge unter Umständen auf Bahnhöfen ohne Halt durch,

ist beim Halten auf Bahnhöfen, wenn vom Reichsbahnpersonal zum Verlassen des Zuges aufgefordert wird, ruhig auszusteigen und der nächste Luftschutzraum, auf den zahlreiche Schilder hinweisen, aufzusuchen; auf kleineren Bahnhöfen ohne ausreichende Schutzräume ist abseits des Bahnhofs Deckung gegen Sicht zu nehmen,

kann bei Halten auf freier Strecke bei Gefahr nach der vom Zugbegleitpersonal angegebenen Seite ausgestiegen und in der Nähe Deckung genommen werden. Vorsicht beim Aussteigen! Weiterfahrt wird durch Achtungssignal der Lokomotive angekündigt,

ist jeder unnötige Aufenthalt auf Bahnhöfen zu vermeiden,

sind die Verdunklungsmaßnahmen der Reichsbahn in den Zügen besonders sorgfältig zu beachten.

Deutsche Reichsbahn

Aushänge über das Verhalten bei Fliegeralarm
Quelle: Spengler-Museum Sangerhausen

Hg 12, 13 und 14, die Ausfahrgleise nach Thüringen, Leipzig und Kassel und Gleise des Nordsystems betroffen. Getroffen wurde auch ein zwischen dem Wirtschaftshof der MITROPA und dem Gebäude der Reichsbahndirektion behelfsmäßiger, nur leicht überdachter Splitterschutzgraben. Ein Volltreffer verschüttete die Ein- und Ausgänge und beschädigte ein unter dem Graben verlaufendes Wasserrohr so stark, daß 158 Soldaten und Reisende, die hier Schutz gesucht hatten, entweder durch die Bomben getötet wurden oder ertranken.

Nach einem nur mit leichten Schäden verbundenen Luftangriff am 22. Februar 1945 wurde der Bahnhof Sangerhausen am 7. April 1945 erneut aus der Luft angegriffen. Gegen 13.00 Uhr flog ein feindliches Luftgeschwader von Westen her an, am Bahnhof vorbei, um nach einer scharfen Wendung aus Richtung Osten anzugreifen. Zwei Bomben fielen auf das Empfangsgebäude, eine in den Wartesaal. Verheerend waren die Volltreffer auf die beiden in den Gleisen 8 und 9 stehenden Munitionszüge, die sofort explodierten. Wagen wurden durch die Luft geschleudert, Gleise von der Wucht der Explosion zerrissen. Die Bahnsteigüberdachung des Bahnsteigs 1 brach zusammen. Das Empfangsgebäude war ein Schutthaufen geworden. Zugleich wurde es zum Grab von vielen Menschen. Zwölf wurden noch am gleichen Tag tot geborgen, manche Wochen später. Wieviel es insgesamt waren, wurde nie ermittelt.

Aus der Vielzahl der Angriffe auf Züge, die sich auf der freien Strecke befanden, sei nur ein besonders folgenschwerer erwähnt. Am 21. Februar 1945 wurde im sog. Kuhrieth, 2 km vom Bahnhof Berga-Kelbra entfernt, der Schnellzug 190 von Leipzig nach Köln von Jagdfliegern angegriffen. Zuerst wurde die Lokomotive des Zuges betriebsunfähig geschossen, dann war der Wagenzug Ziel des Angriffs. Die Folgen waren schrecklich: 40 Tote und mehr als 80 Schwerverletzte, dazu eine große Zahl Leichtverletzte. Schlimme Folgen hatten auch die Brückensprengungen durch die vor den amerikanischen Truppen zurückweichende deutsche Wehrmacht. Davon waren in den Ostertagen 1945 die Eisenbahnbrücke über die Werra bei Hedemünden und die große Eisenbahnbrücke über die Fulda bei Kragenhof betroffen, so daß die Strecke zwischen Eichenberg und Kassel zweimal unterbrochen war.

In den Apriltagen 1945 wurde der Eisenbahnverkehr eingestellt. Im Raum Nordhausen verkehrten ab 4. April, im Raum Sangerhausen ab 12. April 1945 keine Züge mehr. Amerikanische Truppen erreichten am 8. April Hann. Münden, am 17. April Halle.

Der zweite Weltkrieg hinterließ zerstörte Anlagen und Bahnhöfe, verschlissene und damit störanfällige Schienenwege sowie einen desolaten Lokomotiv- und Wagenpark. Viele Eisenbahner hatten an der Front oder im Eisenbahndienst in den von deutschen Truppen besetzten Ländern oder auch zu Hause ihr Leben lassen müssen.

Der Bahnhof Kassel Hbf nach den Fliegerangriffen am 8. September und 22. Oktober 1943 sowie am 22., 27. und 28. September 1944 (siehe auch Bilder Seite 108)
Fotos: Reichsbahndirektion Kassel

Die Verwaltung der Strecke

Mit der Verstaatlichung im Jahre 1876 wurde die „Halle-Casseler Zweigbahn" der Königlichen Eisenbahndirektion Frankfurt am Main zugeordnet. Die bisherige Betriebsdirektion in Nordhausen wurde in eine Eisenbahnbetriebsinspektion umgewandelt.

Im Jahre 1895 wurde die bisherige Verwaltung der staatlichen Eisenbahnen in Preußen den Gegebenheiten angepaßt, und am 1. April 1895 wurden u. a. die beiden Königlichen Eisenbahndirektionen in Cassel (so die Schreibweise bis 1927) und Halle gebildet. Die ehemalige „Halle-Casseler Zweigbahn" wurde von Halle bis Nordhausen (ausschließlich) der Direktion in Halle und von Nordhausen bis Hann. Münden der Direktion in Cassel zugeordnet.

Noch vor 1900 veränderte sich die Grenze zwischen beiden Direktionen. Sie verlief nun zwischen Wolferode und Blankenheim Trennungsbahnhof. Das letzte Stück, Hann. Münden–Kassel, gehörte seit 1866 zu der damals neu gebildeten Königlich Preußischen Eisenbahndirektion Hannover.

Mit der Bildung der Königlichen Eisenbahndirektion Cassel kam mit der Gesamtstrecke der Hannoverschen Südbahn Elze–Kassel auch der letzte Abschnitt Hann. Münden–Kassel zu dieser Direktion. Diese Zuordnung blieb unverändert bis 1945. Daran änderte auch nichts die Umbenennung der bisherigen Königlichen Eisenbahndirektion nach dem ersten Weltkrieg in eine Eisenbahndirektion oder ab 6. Juli 1922 in eine Reichsbahndirektion. Das wurde erst 1945 anders, als das ehemalige Deutsche Reich in vier Besatzungszonen zerfiel und die Grenze zwischen Arenshausen und Eichenberg die Zugehörigkeit der Strecke zu zwei unterschiedlichen Besatzungszonen besiegelte.

11

Schicksalsjahr 1945 – die Strecke wird unterbrochen

Zum Zeitpunkt der bedingungslosen Kapitulation des Deutschen Reiches am 8. Mai 1945 war das gesamte Territorium, in dem die Strecke Halle–Kassel verlief, von amerikanischen Truppen besetzt. Auf der Grundlage der Vereinbarungen der Alliierten von Teheran und Jalta übernahm die sowjetische Besatzungsmacht mit Wirkung vom 1. Juli 1945 das ganze Gebiet der Länder Sachsen-Anhalt und Thüringen. Zwischen Arenshausen und Eichenberg verlief die Grenze zwischen der sowjetischen und der amerikanischen Zone. Zu letzterer gehörte die Reststrecke zwischen Eichenberg und Kassel mit Ausnahme des Abschnitts Hedemünden–Kragenhof, der zur britischen Besatzungszone und damit zum späteren Land Niedersachsen kam. Die britische Besatzungszone grenzte im Bahnhof Eichenberg an die amerikanische. Diese Grenze teilte die Nord-Süd-Strecke Göttingen–Bebra in einen zur britischen Besatzungszone und einen südlichen, zur amerikanischen Besatzungszone gehörigen Teil. Der Vollständigkeit halber sei erwähnt, daß der südliche Streckenteil bei Neuseesen und Werleshausen sowjetisches Besatzungsgebiet berührte.
Zwischen Arenshausen und Eichenberg befand sich also ein Dreizoneneck. Dies hatte für die Strecke schwerwiegende Auswirkungen.
Aufgrund der neuen Gegebenheiten konnte die RBD Kassel ihre Aufsichts- und Verwaltungsaufgaben für den Streckenabschnitt Blankenheim Trennungsbahnhof–Arenshausen wie auch für ihre anderen in der sowjetischen Besatzungszone liegenden Strecken nicht mehr wahrnehmen.
Die beiden Direktionen Halle, der das Streckenstück Halle–Wolferode seit kurz vor der Jahrhundertwende gehörte, und Erfurt versuchten, die Verwaltung des Teilstücks Blankenheim Trennungsbahnhof–Arenshausen unter ihre Kontrolle zu bringen. Einer Mitteilung der RBD Erfurt vom 6. Juli 1945 zufolge versuchte diese, die Strecke weiter zu betreiben. Nach ihrer Meinung wäre die Bildung einer kleinen Direktion aus den Reststrecken der RBD Kassel in der sowjetischen Besatzungszone in Nordhausen nicht zu befürchten. Die RBD ersuchte deshalb den sowjetischen Kommandanten um Entsendung eines Verbin-

dungsoffiziers nach Kassel, der in ihrem Sinne wirksam werden sollte. Doch die RBD Halle war schneller. Per Telegramm an die beiden Betriebsämter 1 und 2, das Maschinen- und das Verkehrsamt in Nordhausen, ordnete der Präsident der RBD Halle am 11. Juli 1945 an: „RBD Halle wird vom 11. Juli 1945 ab auf Befehl des Militärbevollmächtigten der Roten Armee bei der RBD Halle die in der Anschrift genannten Ämter betreuen, solange diese von der RBD Kassel abgeschnitten sind und künftige Zentralinstanz nicht andere Regelung trifft. Abgeschnittene Teile der bei der RBD Kassel verbleibenden Ämter übernehmen die angrenzenden zur RBD Halle gekommenen Ämter." Das Telegramm ging auch an die RBD Kassel. Die detaillierten Regelungen enthielt die entsprechende Verfügung, die im Amtsblatt der RBD Halle Nr. 9, 1945, am 26. Juli 1945 veröffentlicht wurde. Damit wurde der dem Betriebsamt 2 Göttingen der RBD Kassel zugehörige Streckenabschnitt Heiligenstadt (einschließlich)–Arenshausen (einschließlich) dem Betriebsamt Nordhausen der RBD Halle zugeordnet. Diese Zuordnung war jedoch nicht von langer Dauer.

Die Hauptverwaltung der Deutschen Reichsbahn in der sowjetischen Besatzungszone teilte mit Schreiben vom 24. August 1945 mit, daß in einer Besprechung in der Sowjetischen Militäradministration am 18. August 1945 die Grenzen der RBD-Bezirke neu festgelegt worden seien. Sie bedürften lediglich hinsichtlich der Grenzziehung auf den Eisenbahnlinien an der westlichen und der südlichen Demarkationslinie noch einiger Klärungen. Diese Festlegung sah vor, daß das Betriebsamt Nordhausen aus der RBD Halle ausgegliedert und der RBD Erfurt zugeordnet würde. Strittig war dabei das Teilstück Blankenheim Trennungsbahnhof–Sangerhausen, das die RBD Halle für sich beanspruchte. Sie konnte diesen Anspruch durchsetzen und erhielt ihn mit Schreiben vom 10. September 1945 bestätigt.

Dieser Grenzbereich zwischen den drei Direktionen Halle, Magdeburg und Erfurt führte immer wieder zu Schwierigkeiten im Betriebsgeschehen. Nachdem sich die Gewerkschaft einge-

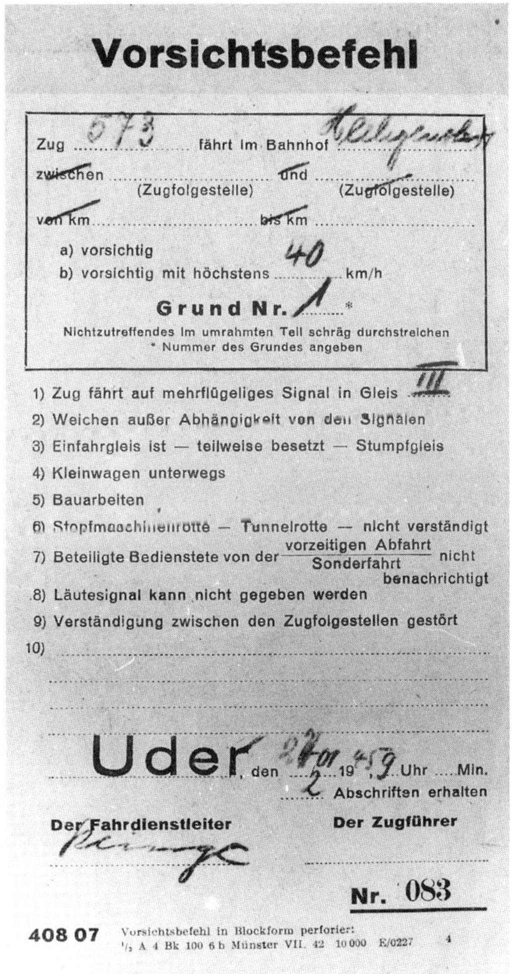

Vorsichtsbefehl

Zug 573 fährt im Bahnhof Heiligenstadt
zwischen ... und ...
(Zugfolgestelle) (Zugfolgestelle)
von km ... bis km ...
a) vorsichtig
b) vorsichtig mit höchstens 40 km/h
Grund Nr. 1 *
Nichtzutreffendes im umrahmten Teil schräg durchstreichen
* Nummer des Grundes angeben

1) Zug fährt auf mehrflügeliges Signal in Gleis III
2) Weichen außer Abhängigkeit von den Signalen
3) Einfahrgleis ist — teilweise besetzt — Stumpfgleis
4) Kleinwagen unterwegs
5) Bauarbeiten
6) Stopfmaschinenrotte — Tunnelrotte — nicht verständigt
7) Beteiligte Bedienstete von der vorzeitigen Abfahrt / Sonderfahrt nicht benachrichtigt
8) Läutesignal kann nicht gegeben werden
9) Verständigung zwischen den Zugfolgestellen gestört
10) ...

Uder, den ... 19 ... Uhr ... Min.
2 Abschriften erhalten
Der Fahrdienstleiter — Der Zugführer

Nr. 083

408 07 Vorsichtsbefehl in Blockform perforier:
¹/₃ A 4 Bk 100 6 b Münster VII. 42 10 000 E/0227 4

Vorsichtsbefehl, ausgestellt vom Bahnhof Uder im Jahre 1945

schaltet hatte, kam der Abschnitt Blankenheim Trennungsbahnhof–Sangerhausen am 3. Januar 1947 zur RBD Magdeburg. Bereits am 25. Januar desselben Jahres kam er jedoch zur RBD Erfurt, zu der er heute noch gehört. Die Grenze zwischen den Direktionen Halle und Erfurt verlief nunmehr an der alten Direktionsgrenze zwischen Halle und Kassel.
Auch in den westlichen Besatzungszonen kam es zu Veränderungen der Direktionsgrenzen. Die RBD Kassel übernahm im Süden Strecken der RBD Frankfurt am Main und gab im Norden und Westen Strecken an die Direktionen Essen, Hannover, Münster (Westf.) und Wuppertal ab. Diese Veränderung vom 1. November 1945 sah für die Strecke Halle–Kassel vor, daß der Bahnhof Eichenberg mit den Strecken des Betriebsamts Göttingen zur Direktion Hannover kam. Im Amtsblatt der RBD Kassel Nr. 35 vom 8. November 1945 wurde konstatiert: „Mit Ausnahme der in die britische Besatzungszone fallenden Strecke Kragenhof einschl. – Hann. Münden – Hedemünden einschl. liegen sämtliche Strekken des RBD Bezirkes Kassel in der amerikanischen Besatzungszone."
Der Zugverkehr auf der Strecke war mit der Besetzung durch amerikanische Truppen zum Erliegen gekommen, soweit er nicht bereits vorher infolge von Brückensprengungen oder Fliegerangriffen teilweise eingestellt worden war. Im Laufe der Monate Mai und Juni 1945 wurde der Zugverkehr auf Weisung der amerikanischen Besatzungsmacht wiederaufgenommen. Über Umfang und Laufweg der Züge waren allerdings kaum Auskünfte zu erhalten. Durchgehende Züge von Halle nach Kassel und umgekehrt scheinen nicht verkehrt zu sein. Mit dem Wechsel der Besatzungsmacht ist zumindest auch der möglicherweise wiederaufgenommene Nahverkehr über Arenshausen–Eichenberg zum Erliegen gekommen.
Einer Mitteilung in den Eichsfelder Nachrichten vom 18. Juli 1945, dem Verordnungsblatt der Militärregierung und der Behörden, ist zu entnehmen, daß lediglich Züge aus und in östlicher Richtung nach und von Arenshausen verkehrten und zwar in jeder Richtung drei. Über Arenshausen hinaus verkehrten im Regelzugfahrplan keine Züge mehr.
Im Zuge der Reparationsleistungen für die UdSSR wurde auch das zweite Gleis zwischen Arenshausen und der Zonengrenze zurückgebaut. Das andere Gleis blieb intakt, wurde aber kaum noch genutzt. Das blieb auch im Herbst 1945 und im darauffolgenden Winter so, als ein großes Sonderzugprogramm von und zur Zonengrenze ablief. Im Zuge der Rückführung der sog. Westumquartierten (Deutsche, die im Kriege wegen der zunehmenden Luftgefahr aus den westlichen Gebieten nach Mitteldeutschland gekommen waren) war bei Arenshausen die Grenze zur britischen Zone geöffnet worden.
In der ersten Phase des Programms wurden täglich etwa 6 000 Personen mit Sonderzügen nach Arenshausen gebracht. In der umgekehrten Richtung überschritt etwa die gleiche Anzahl Menschen die Grenze, die in ihre in der sowjetischen Besatzungszone liegende Heimat zurück wollten. Sie mußten auf dem Bahnhof Arenshausen abgefertigt werden, wofür er weder personell noch sachlich eingerichtet war. Die Hauptverwaltung der Deutschen Reichsbahn in der sowjetischen Besatzungszone wurde deshalb von der RBD Erfurt gebeten, bei den zuständigen Besatzungsbehörden zu erwirken, daß die Züge über Arenshausen hinaus bis Eichenberg verkehren. Dazu ist es aber offensichtlich nicht gekommen. Eichenberg war als Eisenbahnübergang zwischen der britischen und der amerikanischen Zone ebenfalls völlig überlastet. Die Zonengrenze mußte zu Fuß passiert werden, in der Regel bei Besenhausen/Friedland. Der Zustrom von Umquartierten mit Regelzügen und Straßenfahrzeugen nach Arenshausen war so erheblich, daß bald nur noch täglich zwei Sonderzüge mit je 1 000 Personen nach Arenshausen verkehrten. Zur Beförderung der aus dem Westen kommenden Personen fuhren täglich vier Personenzüge von Arenshausen nach Sangerhausen.
Bis zum 18. Dezember 1945 sollte die Rückführung der Westumquartierten aus dem Land Thüringen abgeschlossen sein. Danach fanden in ei-

nem ähnlichen Programm Transporte aus den anderen Ländern der sowjetischen Zone statt.
Gelegentlich ist es später zu Zugfahrten von Ost nach West über Arenshausen–Eichenberg gekommen. Dabei handelte es sich stets um Sonderzüge, die von Fall zu Fall zwischen den benachbarten Eisenbahndienststellen und insbesondere zwischen den zuständigen Besatzungsbehörden vereinbart wurden. Nach Aussagen von Beteiligten kam es noch 1947 zu solchen Fahrten, z. B. bei der Rückführung von Kriegsgefangenen.
Zwischenzeitlich muß das noch intakte Streckengleis zwischen Arenshausen und Eichenberg – nach Aussagen von Eisenbahnern – unterbrochen worden sein; denn an der Zonengrenze gab es eine Lücke von 15 m. Die beiden Schienen waren entfernt worden, ohne Schwellen und Gleiskörper zu beschädigen. So war bei Bedarf jederzeit ein Lückenschluß möglich, zumal die beiden fehlenden Schienenstücke in unmittelbarer Nähe der Gleislücke lagen. Das lag insbesondere im Interesse der Deutschen Reichsbahn, die auf die Öffnung dieses Übergangs drängte.
Als am 12. August 1947 die beiden Reichsbahnverwaltungen in Bielefeld über die Öffnung weiterer Eisenbahngrenzübergänge zwischen der sowjetischen und den westlichen Besatzungszonen verhandelten, forderte die Eisenbahnverwaltung der sowjetischen Besatzugszone erneut die Öffnung des Übergangs Arenshausen–Eichenberg. Diesen Antrag lehnte die westliche Reichsbahnverwaltung jedoch ab. Als Begründung wurden die unzureichenden Gleisanlagen in Eichenberg angegeben. Dieser Bahnhof sei wegen der Grenzkontrollen zwischen der britischen und der amerikanischen Besatzungszone auf der Nord-Süd-Strecke Göttingen–Bebra hoffnungslos überlastet.
Auch die Rückführung von Evakuiertengut war von Arenshausen oder Leinefelde aus nicht per Eisenbahn möglich. Eine Amtsblattverfügung der RBD Erfurt vom 1. April 1947, die allerdings schon vom 12. Februar 1947 datiert war, machte auf deratige Mängel aufmerksam. In Herbsleben bestand ein privates Unternehmen, das sich mit der Sammlung und Rückführung von Evakuiertengut aus der sowjetischen Zone in die drei westlichen Zonen befaßte. Es beförderte diese Sendungen in geschlossenen Ladungen zum Zonengrenzbahnhof Arenshausen. Dort wurden sie aber nicht weitergeleitet, da ein Übergang offiziell nicht vorhanden war. Die Güterwagen wurden entladen, das Evakuiertengut mit Gespannen über die Zonengrenze gebracht.
Auch auf der Konferenz der Alliierten am 3. Oktober 1947 in Berlin versuchte die sowjetische Besatzungsmacht, die Öffnung des Eisenbahnübergangs Arenshausen–Eichenberg zu erreichen. Aber sie mußte sich damit abfinden, daß die Reichsbahn der Westzonen wegen ihrer betrieblichen Schwierigkeiten bei der Ablehnung blieb.
Offensichtlich wurde daraufhin von westlicher Seite das Streckenstück von Eichenberg bis zur Zonengrenze mit Schadlokomotiven und Tendern zugestellt, die seit 1945 in größerer Anzahl im Ostkopf des Bahnhofs Eichenberg abgestellt waren. Ob es dabei zu der in einer Literaturquelle überlieferten widerrechtlichen Entwendung von Lokomotiven und Tendern von östlicher Seite gekommen ist, um wertvollen Schrott zu gewinnen, muß bezweifelt werden. Unstrittig ist aber, daß sich Eisenbahner des Lokbahnhofs Leinefelde mehr als einmal Werkzeug und Ersatzteile für ihre Lokomotiven aneigneten.
Mit Gültigkeit vom 1. Dezember 1948 gaben die Eisenbahnen der westlichen Besatzungszonen das Berichtigungsblatt 7 zum Signalbuch heraus. Es enthielt Veränderungen im Signalbild des Signals Hp 2, den Wegfall des Signals Hp 3 und die Umgestaltung der Signalverbindungen Sv 5 bis Sv 8. Sie waren mit größeren Umbauarbeiten verbunden, die die Übernahme dieser Maßnahme in der sowjetischen Besatzungszone vorerst unmöglich machten Aus diesem Grunde wurden die Übergangsbahnhöfe angewiesen, das aus den westlichen Besatzungszonen kommende Zugpersonal per Handzettel von den bei der Reichsbahn in der sowjetischen Besatzungszone noch geltenden Signalen zu unterrichten.
In den Verteiler dieser Verfügung war auch der Bahnhof Arenshausen aufgenommen worden. Die Generaldirektion Reichsbahn der Hauptver-

waltung Verkehr der Deutschen Wirtschaftskommission für die sowjetische Besatzungszone wünschte noch immer, bei Arenshausen einen zusätzlichen Übergang zu erhalten.

Nach dem Helmstedter Abkommen vom 11. Mai 1949, das die Wiederaufnahme des Zugverkehrs nach der Berlin-Blockade regelte, bestand grundsätzliche Einigkeit darüber, daß auch der Eisenbahnverkehr über Arenshausen–Eichenberg wiederaufgenommen werden sollte. Zeitpunkt und Einzelheiten waren einer besonderen Vereinbarung vorbehalten, zu der es aber nie gekommen ist.

Zwar wurde östlicherseits für den 20. Mai 1949 alles für die Aufnahme des sog. Interzonenverkehrs über Arenshausen–Eichenberg vorbereitet, die Wohnungen im Empfangsgebäude des Bahnhofs Arenshausen wurden für die Grenz- und Zolldienststellen geräumt, doch um 0.00 Uhr sagte die westliche Seite die Öffnung des Übergangs ohne Angabe von Gründen ab.

Offensichtlich hatte nun auch das Interesse an diesem Übergang auf östlicher Seite nachgelassen. Und so wurde das noch intakte Streckengleis von Arenshausen bis zur Zonengrenze abgebaut. Auf westlicher Seite war in der Gleislücke ein leerer Lokomotivtender entgleist worden, um Durchfahrten zu verhindern. Endgültig abgebaut wurde das Gleisstück von Eichenberg bis zur Grenze im Jahre 1952.

Nach 1952 strebte die westliche Seite die Öffnung des Grenzübergangs mehrfach an, allerdings erfolglos. So forderte der Organisationsausschuß der Gewerkschaft Öffentliche Dienste, Transport und Verkehr am 2. Dezember 1953 vergeblich diesen Übergang. Die Beziehungen zwischen beiden deutschen Staaten hatten einen Stand erreicht, die das auf lange Zeit unmöglich machen sollten.

Arenshausen war infolge der Lage an der Grenze zur Bedeutungslosigkeit verurteilt worden. Auch die Anschlüsse der ehemaligen Strecke nach Friedland waren nun nicht mehr bedienbar.

In den ersten Jahren nach der Streckenunterbrechung erregten immer wieder Eingriffe der sowjetischen Besatzungsmacht in das Eisenbahnwesen die Gemüter. Das hatte besonders im Grenzbereich zwischen den Besatzungszonen Auswirkungen, die sogar zu Grenzkorrekturen führten.

In unmittelbarer Nähe von Eichenberg, des Kreuzungspunkts der Strecken Halle–Kassel und Göttingen–Bebra, berührte die Nord-Süd-Strecke bei Neuseesen und Werleshausen Gebiete der sowjetischen Besatzungszone. Die wegen ihres Verlaufs durch die britische, amerikanische und sowjetische Besatzungszone auch „Whisky-Wodka-Linie" genannte Eisenbahnverbindung wurde durch sowjetische Besatzungstruppen mehrfach unterbrochen.

Um solche Ereignisse auszuschließen, kam es am 17. September 1945 zum sog. Wanfrieder Abkommen. In ihm wurde der Austausch der bisher zur sowjetischen Besatzungszone gehörenden Orte Neuseesen und Werleshausen gegen bisher zur amerikanischen Zone gehörende hessische Orte vereinbart.

Ähnliche Gebietsveränderungen gab es 1945 auch bei Tettenborn und Bad Sachsa, um die Eisenbahnlinie Nordhausen–Northeim nördlich Ellrich auf dem Gebiet nur einer Besatzungszone verlaufen zu lassen.

Auch auf der Strecke zwischen Halle und Arenshausen gab es zahlreiche Eingriffe der sowjetischen Besatzungsmacht. So mußte die Reichsbahndirektion Erfurt am 11. September 1945 anordnen, täglich eine zusammenfassende „Meldung über die in den letzten 24 Stunden vorgekommenen Eingriffe und selbständigen Anordnungen russischer Stellen in den Eisenbahndienst" zu erstatten. Am 20. Februar und am 23. März 1946 wies die Direktion Erfurt erneut an, „Meldungen über russische Eingriffe in die deutsche Betriebsführung und über Beraubungen und Plünderungen" sofort abzugeben bzw. weiterzuleiten.

Zu diesen Eingriffen in den Eisenbahnbetrieb durch Truppenteile, Einheiten, aber auch durch einzelne Offiziere und Soldaten kam die ständige Einflußnahme durch die Transportkommandanturen der Sowjetarmee. Erwähnt sei an dieser Stelle ein sieben Jahre später eintretendes Ereignis, das seinen Ursprung schon im Jahre 1945 hatte.

Im Jahre 1952 schuf die DDR ein „besonderes Regime an der Demarkationslinie zwischen der DDR und der BRD". Die Demarkationslinie sollte undurchlässig gemacht und jeder Kontakt zwischen Ost und West unterbunden werden. Dazu wurden eine Schutzzone (500-m-Zone) und eine Sperrzone (5-km-Zone) geschaffen, die nur mit besonderen Passierscheinen betreten werden durften. Arenshausen lag in der Sperrzone. Fahrausweise nach dort durften nur gegen Vorlage von Passierscheinen ausgegeben werden.

Noch 1989 erklang bei jedem Reisezug beim Halt in Uder, dem letzten Bahnhof vor Arenshausen, aus dem Lautsprecher: „Achtung Reisende! Weiterfahrt nach Arenshausen ist nur mit Sondergenehmigung gestattet." Das Zugbegleitpersonal war verpflichtet, die Reisenden zu kontrollieren, ob sie im Besitz von Berechtigungen zum Betreten des Grenzgebiets waren.

In Arenshausen wurde zwischen dem Gleis 2, dem Bahnsteiggleis, und den übrigen Gleisanlagen ein Zaun errichtet, der jedes unkontrollierte Verlassen des Bahnhofsgeländes aus Zügen verhinderte.

12

Von 1945 bis 1989 – die geteilte Strecke

Der östliche Streckenteil Halle–Arenshausen

Unmittelbar nach der Besetzung Sangerhausens durch amerikanische Truppen befahl der amerikanische Kommandant die Aufräumungs- und Instandhaltungsarbeiten auf dem Bahnhof Sangerhausen aufzunehmen. Immerhin waren neben dem total zerstörten Empfangsgebäude, dessen Trümmer unter anderem das Gleis 1 mit dem Hausbahnsteig blockierten, 1 100 m Oberbau und drei Weichen vollständig zerstört. Weitere Gleisanlagen und Weichen waren beschädigt. Die Block- und Signalkabel waren insgesamt neunmal unterbrochen, Freileitungen auf 1 000 m Länge vernichtet, zehn Weichen- und fünf Signalantriebe waren zerstört. All das war zumindest so wiederherzustellen oder zu reparieren, daß eine baldige Betriebsaufnahme möglich war.

Schon am 17. April 1945 konnte der erste Zug von Sangerhausen nach Oberröblingen verkehren; denn der Ostkopf des Bahnhofs war nur geringfügig zerstört. Ende April konnte auch der Zugverkehr nach Berga-Kelbra über den wesentlich stärker betroffenen Westkopf aufgenommen werden.

Schwieriger gestalteten sich die Aufräumungsarbeiten im Kuhrieth bei Berga-Kelbra. Dort war nach dem schweren Angriff auf den D-Zug 190 am 21. Februar 1945 am 6. April 1945 ein Munitionszug angegriffen worden. Infolge der Explosion waren schwere Schäden am Bahnkörper entstanden, die zur Unterbrechung des Zugbetriebs nach Nordhausen führten. Im Mai 1945 waren die Folgen noch nicht beseitigt, bei Aufräumungsarbeiten wurden zwei Aulebener Bürger durch detonierende Munition tödlich verletzt. Erst Ende Mai konnte der Zugverkehr bis Nordhausen aufgenommen werden.

Unter amerikanischer Besatzung wurde der gesamte Streckenteil schrittweise in Betrieb genommen. Die Züge verkehrten jedoch nicht durchgängig zwischen Halle und Arenshausen, sondern in der Regel zwischen den benachbarten größeren Bahnhöfen.

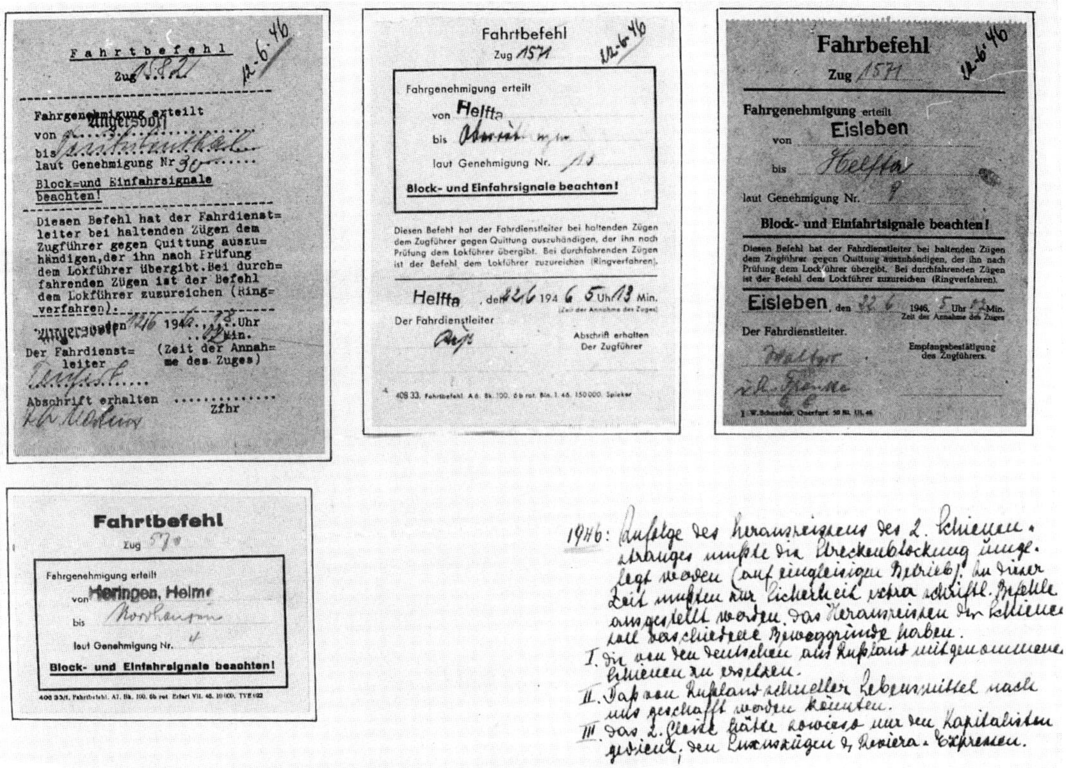

Fahrtbefehl

Zug ...

12.6.46

Fahrgenehmigung erteilt

von ...

bis ...

laut Genehmigung Nr 30

Block=und Einfahrsignale beachten!

Diesen Befehl hat der Fahrdienst=leiter bei haltenden Zügen dem Zugführer gegen Quittung auszu=händigen, der ihn nach Prüfung dem Lokführer übergibt. Bei durch=fahrenden Zügen ist der Befehl dem Lokführer zuzureichen (Ring=verfahren).

... den 12/6 194.. Uhr ... Min.

Der Fahrdienst=leiter (Zeit der Annahme des Zuges)

Abschrift erhalten ... Zfhr

Fahrtbefehl

Zug 1571

12.6.46

Fahrgenehmigung erteilt

von Helfta

bis ...

laut Genehmigung Nr. ...

Block- und Einfahrsignale beachten!

Diesen Befehl hat der Fahrdienstleiter bei haltenden Zügen dem Zugführer gegen Quittung auszuhändigen, der ihn nach Prüfung dem Lokführer übergibt. Bei durchfahrenden Zügen ist der Befehl dem Lokführer zuzureichen (Ringverfahren).

Helfta, den 12.6 1946 5 Uhr 13 Min. (Zeit der Annahme des Zuges)

Der Fahrdienstleiter

Abschrift erhalten Der Zugführer

Fahrbefehl

Zug 1571

12.6.46

Fahrgenehmigung erteilt

von Eisleben

bis Helfta

laut Genehmigung Nr. 9

Block- und Einfahrtsignale beachten!

Diesen Befehl hat der Fahrdienstleiter bei haltenden Zügen dem Zugführer gegen Quittung auszuhändigen, der ihn nach Prüfung dem Lockführer übergibt. Bei durchfahrenden Zügen ist der Befehl dem Lockführer zuzureichen (Ringverfahren).

Eisleben, den 12.6. 1946. 5 Uhr ... Min. Zeit der Annahme des Zuges.

Der Fahrdienstleiter.

Empfangsbestätigung des Zugführers.

Fahrtbefehl

Zug 570

Fahrgenehmigung erteilt

von Heringen, Helme

bis Nordhausen

laut Genehmigung Nr. 4

Block- und Einfahrsignale beachten!

1946: Infolge des Herausreißens des 2. Schienenstranges mußte die Streckenblockung umgelegt werden (auf eingleisigen Betrieb). In dieser Zeit mußten zur Sicherheit extra schriftl. Befehle ausgestellt werden. Das Herausreißen der Schienen soll verschiedene Beweggründe haben.
I. Die von den Deutschen aus Rußland mitgenommenen Schienen zu ersetzen.
II. Daß von Rußland schneller Lebensmittel nach uns geschafft werden könnten.
III. Das 2. Gleis hätte sowieso nur den Kapitalisten gedient, den Luxuszügen u. Riviera-Expressen.

Fahrtbefehle aus dem Jahre 1946 mit Anmerkungen eines Lokführers

Die sowjetische Besatzungsmacht erließ am 11. August 1945 den „Befehl des Befehlshabers der Transportabteilung der sowjetischen militärischen Administration in Deutschland Nr. 8". In ihm hieß es: „1. Ab 1. September 1945 ist der Eisenbahnbetrieb in der sowjetischen Besatzungszone den deutschen Eisenbahnern zu übergeben ...".
Dieser Befehl mit der für den einzelnen Eisenbahner schwer nachvollziehbaren „Inbesitznahme der Eisenbahn" berührte die Eisenbahner weniger, mehr dagegen traf sie die Reduzierung der Gleisanlagen im Rahmen der Reparationsleistungen. Die Reparationen waren von den Alliierten auf der Krimkonferenz am 11. Februar 1945 als Ersatzleistungen für ihnen entstandene Schäden und Kosten verabredet worden.

Ende April 1946 war der Abbau des zweiten Gleises auf dem Streckenabschnitt Sangerhausen–Arenshausen abgeschlossen. Nur wenig später wurde auch das zweite Gleis zwischen Halle und Eisleben abgebaut. Lediglich die Abschnitte Eisleben–Sangerhausen und Nordhausen–Wolkramshausen blieben vorerst zweigleisig. Auf dem Streckenabschnitt Nordhausen–Wolkramshausen wurde 1947 auch das zweite Gleis abgebaut. Das zog erhebliche Leistungseinschränkungen und betriebliche Schwierigkeiten nach sich; denn auf diesem Streckenstück verkehrten nicht nur die Züge zwischen Nordhausen und Arenshausen, sondern auch die der Strecken Nordhausen–Erfurt, Nordhausen–Bad Frankenhausen–Bretleben, Nordhausen–Bleicherode Ost–Zwinge sowie die Güterzüge der Strecke Nordhausen–Ebeleben–Menteroda–Keula. So war man bereits 1948 gezwungen, zwischen den beiden Blockstellen Kleinwerther und Groß-

9
20 21 22
23 30
24 31
25
A 2 A 1
B 2 B 1
C 2 C 1
D 2 D 1
E 2 E 1
F 2 F 1
G 2 G 1
H 2 H 1
J 2 J 1

№ 348

Bahnbetriebswerk Sangerhausen

Siemon Fritz O.Lokführer

Name Vorname Dienststellung

ES 31 / 302

Bei Verlust kein Ersatz

46 47 48 49 50 51 52 53 54
37 39 40 43 44 45

Tabakzuteilungskarte für Schichtarbeiter im Bahnbetriebswerk Sangerhausen

werther im Zugmeldeabschnitt Nordhausen–Wolkramshausen das zweite Gleis wiederaufzubauen. Die beiden Blockstellen wurden in Abzweigstellen umgewandelt. Die Inbetriebnahme des zweiten Gleises zwischen diesen beiden Betriebsstellen war am 19. November 1948.

Der Abbau des zweiten Gleises zog komplizierte sicherungstechnische Umbauten nach sich, insbesondere des Streckenblocks; denn bei dem nun eingleisigen Betrieb wurde das verbleibende Streckengleis in beiden Richtungen befahren. Eine Zugfahrt mußte also sowohl gegen folgende als auch gegen entgegenkommende Züge gesichert werden. Diese Umrüstung war nicht sofort möglich. Die Züge erhielten deshalb Fahrtbefehle, die jeweils von Zugmeldestelle (in der Regel war jeder Bahnhof eine) zu Zugmeldestelle galten. Sie sollten das Sicherheitsrisiko, das durch die fehlende blocktechnische Sicherung vor Gegenfahrten entstand, auf ein Minimum reduzieren.

1947 konnte auf die Fahrtbefehle verzichtet werden, da der Streckenblock zwischen Halle und Arenshausen entsprechend den Erfordernissen einer eingleisigen Strecke ergänzt war. Nicht nur das zweite Streckengleis wurde demontiert. Auch Bahnhofsgleise wurden abgebaut, Schienen und Schwellen in die Sowjetunion transportiert. Davon war beispielsweise der Bahnhof Nordhausen betroffen. Er verlor die Güterzugeinfahrt von der Northeimer Strecke auf den Westberg, die Güterzugumfahrgleise von West nach Ost sowie eine ganze Reihe von Güterzugbildungsgleisen.

Die Grenze zwischen der sowjetischen und den westlichen Besatzungszonen hatte auch Auswirkungen auf die von der Strecke Halle–Kassel ausgehenden Verbindungsbahnen. Die Strecke Bleicherode Ost–Herzberg wurde bei Zwinge, die Strecke Leinefelde–Wulften zwischen Teistungen und Duderstadt und die Strecken Leinefelde–Schwebda–Eschwege und Heiligenstadt–Schwebda–Eschwege wurden zwischen Geismar bzw. Großtöpfer und Schwebda durch die Demarkationslinie unterbrochen. Die Strecke Nordhausen–Northeim, die zwischen Ellrich und Walkenried von der Grenze zwischen der sowjetischen und der britischen Besatzungszone gequert wurde, durfte nur im Güterverkehr genutzt werden.

1947 wurden die verbliebenen Strecken Heiligenstadt–Großtöpfer und Leinefelde–Teistungen im Rahmen der Reparationsverpflichtungen zum Teil demontiert. Die erstgenannte Strecke wurde

Vor dem Empfangsgebäude des Bahnhofs Nordhausen
Foto: Junker

bis auf das kurze Teilstück Heiligenstadt–Heiligenstadt Ost völlig abgebaut. Die von Leinefelde ausgehende Strecke nach Teistungen endete nun in Worbis. Die Stichbahn von Angersdorf nach Bad Lauchstädt wurde 1945 zwischen Benkendorf und Bad Lauchstädt eingestellt.

Die Zugförderung gestaltete sich schwierig. Steinkohle war kaum vorhanden, die Braunkohle besaß nur einen geringen Heizwert. Die als „Blumenerde" verschrieene Kohle mußte mit besonderem Geschick verheizt werden, damit sie nicht sofort durch den Rost fiel. Das sog. tote Feuerbett war eine von findigen Lokomotivführern und Heizern ausgedachte Methode, um das zu verhindern.

„Dampfkochen" war eine häufige Verspätungsursache, wenn Züge wegen Dampfmangels auf der Strecke stehenblieben und erst wieder der nötige Dampfdruck zur Weiterfahrt erzeugt werden mußte.

Die Grenzlastentafeln sahen für die Strecke Halle–Arenshausen bei Braunkohlenfeuerung gegenüber Steinkohlenfeuerung im Durchschnitt 200 t niedrigere Zugmassen für Güterzüge vor. Zusätzliche Bekohlungs- und Entschlackungsstellen mußten eingerichtet werden. Durch das teilweise unterwegs notwendige Ausschlacken und das Verlieren von Glut waren Schwellenbrände an der Tagesordnung. Hinzu kam, daß auch die Braunkohle knapp war. Kohlendiebstähle waren sehr häufig. Und so sah sich der Präsident der Reichsbahndirektion Erfurt nach dem langen harten Winter 1946/47 veranlaßt, nachstehendes Schreiben im Unterricht und bei Betriebsversammlungen bekanntzugeben: „Ein grausam harter und langer Winter liegt hinter uns. Die Verhältnisse der schweren Nachkriegszeit haben in diesem Winter das Übrige zu manchen fast unüberwindlich scheinenden Schwierigkeiten im Zugbetrieb getan. Der Lokomotivbedarf, der heute im Vordergrunde steht, kann infolge schwerer Hemmnisse, hervorgerufen durch fehlende Ersatzteile und anderen Stoffen kaum befriedigt werden. Die Brennstoffzuteilungen sind infolge der hohen Anforderungen der Reichsbahn und der Wirtschaft, weil sie zum überwiegenden Teil nur aus dem Mitteldeutschen Versorgungsbecken entstammen, knapp. Es können jetzt nur die allernotwendigsten Berufszüge und nur wenige zur Aufrechterhaltung der Lebensbedürfnisse notwendigen Frachtenzüge gefahren werden. *Hinzu kommt, daß die knapp zugeteilten Brennstoffe noch in erschreckend hohem Maße gestohlen werden.*

Das gibt uns heute Veranlassung, einen Appell an alle Eisenbahner zu richten, nunmehr die fortgesetzten Beraubungen der Kohlenzüge und der Kohlenlager mit allen Mitteln unterbinden zu helfen. Nachdem elektrischer Strom und Gas wieder zur Verfügung stehen und die wärmere Jahreszeit gekommen ist, ist die allerschlimmste Not überwunden. Ein weiteres Stehlen ist nur noch verbrecherische Habgier und Sabotage am Aufbauwerk unseres Vaterlandes. Die Kohlendiebe sind indeß nicht nur betriebsfremde Personen, sondern auch Eisenbahner selbst, die glauben sich anmaßen zu können, ein Anrecht auf die Mitnahme jeder Menge Kohlen täglich zu haben.
Wir wissen, daß sich Frauen von Eisenbahnern nicht schämen, offen zu sagen, daß ihre Männer Tag für Tag 20 bis 25 Briketts mit nach Hause bringen usw. Kleine Mengen summieren sich und wachsen zu großen Mengen an. Erwartet muß werden, daß nunmehr auch wieder die altgewohnte Ehrlichkeit und das Pflichtgefühl dazu führen, Betriebsfremde von Eisenbahnanlagen, wo sie nicht hingehören, fernzuhalten und gegen Diebe vorzugehen und sie zur Anzeige zu bringen. Sonst können wir den Zugverkehr nicht wieder verdichten und sonst können wir die geringen Einnahmen, die letzen Endes zum Entgelt unserer Arbeit dienen, nicht erhöhen, dessen sei sich jeder bewußt! Helfe also ein jeder mit, alles zu tun, um Schaden von der Reichsbahn – also von Eurem Arbeitgeber – fern zu halten und alles zu tun, um endlich wieder normale Betriebszustände zu erreichen. Denkt auch daran, daß es Eure Aufgabe ist, anderen Werktätigen, die infolge der Zugeinschränkungen nicht zu ihrem Arbeitsplatz kommen oder die ihre Behausung durch lange Ausbleibezeiten täglich nur wenige Stunden zu sehen bekommen und kaum ausgeruht ein neues Tagewerk beginnen müssen, das Leben wieder lebenswert und erträglich zu gestalten.
Wir vertrauen, daß die Mehrzahl unserer altbewährten Eisenbahner sich des Ernstes, der in den Auswirkungen der großen Kohlendiebstähle liegt, bewußt ist, und erwarten, daß sie alles daran setzen, den alten guten Ruf der Deutschen Reichsbahn wieder herzustellen.

Das Portal des Bahnhofs Sangerhausen, provisorisch wiederhergestellt, im propagandistischen Schmuck für die Wahlen am 15. Oktober 1950
Foto: Spengler-Museum Sangerhausen

Unehrliche müssen entfernt werden; sie schädigen unseren Ruf und untergraben das Ansehen unseres Institutes.
Eisenbahner! Haltet daher auf Ordnung und Sauberkeit in unseren Reihen."
Viel geholfen hat dieser Appell sicher nicht, dazu war die Not zu groß.
In den ersten drei Nachkriegsjahren war der Zugverkehr noch recht dürftig. Die Ursachen lagen vor allem in den fehlenden materiellen Voraussetzungen. Die Transportbedürfnisse waren dagegen sehr hoch, insbesondere im Reiseverkehr. Mit Befehl vom 4. März 1948 genehmigte die Transportverwaltung der Sowjetischen Militäradministration in Deutschland, den Reiseverkehr entsprechend den Bedürfnissen erheblich zu steigern. Das setzte wiederum voraus, die Ausbesserungsleistungen an Reisezugwagen, die sich in einem desolaten Zustand befanden, erheblich zu

verbessern. Es galt, „unter allen Umständen anzustreben, die noch verbliebenen Reichsbahnwagen in ihren ursprünglichen Vorkriegszustand zu versetzen." Dazu waren alle Dienststellen und Eisenbahner aufgefordert, zumal auch die Güterwagenausbesserung und -instandsetzung nicht eingeschränkt werden durfte.
Die Zugzahl nahm im Reise- und Güterverkehr mit dem schrittweisen Aufbau der Wirtschaft zu. Das Kali aus dem Südharzer Revier mit seinen Werken in Menteroda, Sondershausen, Bleicherode, Bischofferode und Sollstedt wurde fast ausschließlich über die Strecke Halle–Arenshausen transportiert, ebenso der Anhydrit des Kohnsteins bei Niedersachswerfen, der in Ganzzügen nach Leuna und Coswig lief. Da Thüringen zum westlichen Teil der DDR geworden war, lief der größte Teil der Güter von und nach Nordthüringen über Teile der Strecke Halle–Arenshausen.
Im Laufe der Zeit wurde der Engpaß Eingleisigkeit immer spürbarer. In den Jahren 1953 und 1954 wurde das zweite Streckengleis zwischen Halle und Eisleben wiederaufgebaut. Damit war zumindest der Teil Halle–Sangerhausen durchgängig zweigleisig. Der Bau des Rückhaltebekkens der Helme bei Kelbra hatte eine Streckenverlegung zwischen Berga-Kelbra und Heringen zur Folge. Die neue Strecke zwischen Berga-Kelbra

Auch die Güterabfertigung Sangerhausen war aus dem gleichem Anlaß geschmückt.
Foto: Spengler-Museum Sangerhausen

Der Rundschuppen des Bahnbetriebswerks Sangerhausen. An den Tendern steht: „Wir sind bereit zur Erfüllung des Fünfjahrplans."
Foto: Spengler-Museum Sangerhausen

Das Gebäude des ehemaligen Bahnhofs Aumühle
Foto: Junker

und der neuen Abzweigstelle Görsbach wurde zweigleisig gebaut und am 15. Dezember 1965 in Betrieb genommen. Zwischen Görsbach und Heringen, wo ein Teil der alten Trasse weiter genutzt wurde, blieb die Strecke eingleisig. Infolge der Verlegung der Trasse zwischen Berga-Kelbra und Heringen nach Norden entfiel die bisherige Haltestelle Aumühle. Dafür wurde an der Abzweigstelle Görsbach ein Personenzughalt eingerichtet.

Auch zwischen Bennungen und Roßla wurde ein Abschnitt zweigleisig ausgebaut und damit die bisherige Blockstelle Bennungen zur Abzweigstelle.

Der weitere zweigleisige Wiederaufbau in Richtung Westen hing mit dem Bau eines Zementwerks im Eichsfeld zusammen. Dafür wurden seit 1961 folgende Standorte in Betracht gezogen: Deuna, Kleinbartloff, Neubleicherode, Hauröden, Weißenborn-Lüderode, Uder, Birkenfelde-Schönhagen, Lenterode und Lengenfeld unterm Stein. Letztlich entschied man sich für Deuna.

Da für den Transport der Zuschlagstoffe und der Brennstoffe sowie des Fertigprodukts der Schienenweg vorgesehen war, waren zwei Aufgaben zu lösen. Zum einen mußte vom Bahnhof Bernterode aus eine 4,0 km lange Zweigbahn nach Deuna errichtet werden. Sie wurde am 21. Februar 1972 eingeweiht. Zum anderen war die Strecke zwischen Sangerhausen und Bernterode zweigleisig auszubauen, denn mit diesem neuen Industriestandort war ein Anwachsen der Streckenbelastung verbunden, die die zwischen Sangerhausen und Bernterode fast ausschließlich eingleisige Strecke nicht verkraften konnte. Die drei zweigleisigen Abschnitte Bennungen–Roßla, Berga-Kelbra–Görsbach und Kleinwerther–Werther reichten nicht mehr aus. Ein zweites Gleis zwischen Sangerhausen und vorerst Bleicherode Ost war zu errichten. 1971 wurde mit dem zweigleisigen Ausbau begonnen, der in den Jahren 1973/74 abgeschlossen wurde.

Das zweite Gleis wurde zwischen Sangerhausen und Bennungen am 13. April 1973, zwischen Roßla und Berga-Kelbra am 6. August 1973 und zwischen Görsbach und Heringen am 15. November 1973 in Betrieb genommen. Die restlichen Inbetriebnahmen folgten am 14. März 1974 zwischen Heringen und Nordhausen, am 25. April 1974 zwischen Werther und Wolkramshausen, am 30. Oktober 1974 zwischen Nordhausen und Kleinwerther und am 6. November 1974 zwischen Wolkramshausen und Bleicherode Ost. Im Zusammenhang mit diesem Ausbau wurden die Blockstellen Pfeiffersheim und Nohra sowie die Abzweigstelle Kleinwerther auf-

Der Bahnhof Nordhausen mit Losungen zum 50. Jahrestag der UdSSR (1977)
Foto: Sammlung Lauerwald

gelassen, die Abzweigstellen Bennungen, Görsbach und Werther in Blockstellen umgewandelt. Der weitere Ausbau des Zementwerks in Deuna sowie die Umstellung von Öl- auf Kohlebetrieb brachte in der zweiten Hälfte der siebziger Jahre weitere erhebliche Belastungen für den Schienenweg. 1979 wurde deshalb der Abschnitt Bleicherode Ost–Bernterode ebenfalls zweigleisig ausgebaut. Das zweite Gleis wurde zwischen Gebra und Sollstedt am 7. Juli 1979, zwischen Sollstedt und Bernterode am 5. Dezember 1979 und zwischen Bleicherode Ost und Gebra am 19. Dezember 1979 in Betrieb genommen. Damit war der zweigleisige Ausbau vorerst abgeschlossen.

Veränderungen im Netz der Zugangsstellen gab es nach 1945 kaum; denn das Bahnhofs- und Haltepunktnetz war schon recht dicht. Am 4. November 1956 wurde zwischen Beuren und Bodenrode der unbesetzte Haltepunkt Wingerode eröffnet. Diese Gemeinde hatte sich schon seit vielen Jahren um einen Personenzughalt bemüht. Vom 8. Juli 1950 datiert ein Kostenangebot der Deutschen Reichsbahn an die Gemeinde, die eigentliche Genehmigung wurde erst im Jahre 1956 erteilt. Für den Haltepunkt einschließlich der Zufahrtswege leistete die Ortsbevölkerung 28 180 Arbeits- und 600 Gespannstunden. Am 25. September 1957 wurde der unbesetzte Haltepunkt Amsdorf zwischen Wansleben am See und Röblingen a. See eröffnet.

Nach 1945 kam es zu folgenden Veränderungen bei den Bahnhofsnamen: Mit Wirkung vom 1. August 1951 wurde Pustleben in Wipperdorf umbenannt. Oberröblingen am See erhielt am 1. Mai 1952 den Namen Röblingen a. See, und gleichzeitig wurde Eisdorf zu Teutschenthal Ost. Am 17. Mai 1953 erhielt der Bahnhof Halle (Saale) den Zusatz Hbf, Großwerther wurde zu Werther und Niedergebra zu Gebra (Hainleite). Die bisher letzte Umbenennung war am 25. Mai 1954. Der Bahnhof Eisleben, der Geburts- und Sterbeort Martin Luthers, erhielt den Namen Lutherstadt Eisleben.

Erwähnung bedürfen auch Veränderungen, die sich nach 1949 bei den von der Strecke ausgehenden Stichbahnen vollzogen. Das im Rahmen der Reparationsverpflichtungen 1947 abgebaute Teilstück Worbis–Teistungen wurde 1950 wiederaufgebaut. Ab 27. September 1950 war die Strecke wieder bis Teistungen befahrbar. Auf den Strecken Angersdorf–Benkendorf (ab 1. Mai 1952 Holleben Süd) und Teutschenthal–Salzmünde wurde in der zweiten Hälfte der sechziger Jahre der Personenverkehr eingestellt. Die infolge der Zonengrenze erheblich beeinträchtigte Strecke Bleicherode Ost–Zwinge wurde am 28. Mai 1972 auf das für die Kaliabfuhr benötigte Streckenstück Bleicherode Ost–Bischofferode reduziert. Die anderen Strecken, die in die Strecke Halle–Arenshausen einmündeten, blieben unverändert. Es wäre lediglich noch zu erwähnen, daß auf dem Teilstück Leinefelde–Geismar der Kanonenbahn der Güterverkehr ab 28. September 1969 auf den Bahnhof Dingelstädt konzentriert wurde.

Inzwischen waren erste Rationalisierungsmaßnahmen getroffen worden, wenn auch eine durchgängige Rationalisierung entsprechend dem jeweiligen Entwicklungsstand der Eisenbahntechnik unterblieb. Die vom Staatshaushalt der DDR zur Verfügung gestellten Mittel reichten lange Zeit nicht einmal aus, um den Vorkriegsstand an Strekken- und Bahnhofsgleisen wiederherzustellen, von der Qualität der Anlagen, den zulässigen Geschwindigkeiten usw. ganz zu schweigen. Moderne Stellwerke in Spurplantechnik blieben ebenso ein Wunschtraum. Daß 1975 in Bernterode ein Gleisbildstellwerk der Bauform Gs II Sp 64b in Betrieb genommen wurde, war nur möglich, weil es als Folgeinvestition des Zementwerks in Deuna nicht aus dem Haushalt der Deutschen Reichsbahn bezahlt zu werden brauchte. Dabei mußte noch auf Rangierfahrstraßen verzichtet werden.

In der Stellwerkstechnik gab es nur bescheidene Fortschritte: etwa die Einsparung von Befehlsstellen, so in Bleicherode Ost, neue zentrale Signalbedienungsstellen, wie in Sollstedt, oder vereinzelt der Wegfall eines Wärterstellwerks, wie in Helfta.

Günstiger sah es bei den Wegübergangssicherungsanlagen aus. Hier war der Zwang allerdings auch am größten. Die monotone Arbeit, die große Verantwortung, der Schichtdienst und die schlechte Bezahlung führten zu Besetzungsschwierigkeiten der Schrankenposten. Dazu kam der zunehmende Verkehr auf der Schiene und auf der Straße. So wurden im Laufe von zwei Jahrzehnten nahezu alle wärterbedienten Schranken der freien Strecke in zugbediente Halbschranken- oder Haltlichtanlagen umgewandelt. Dort, wo neben der Schrankenbedienung auch andere betriebliche Aufgaben zu lösen waren, so auf Blockstellen oder Stellwerken der Bahnhöfe, verblieben in der Regel die manuell bedienten Vollschranken. Die Bedienung der Schranken wurde teilweise durch elektrische Schrankenwinden erleichtert. Die Sicherheit dieser manuell bedienten Schranken wurde zum Teil durch Abhängigkeiten zu den Hauptsignalen erhöht.

Größere Fortschritte gab es auch in der Signalumrüstung. Über einen längeren Zeitraum wurde ein Großteil der Vor- und Hauptsignale auf das elektrische Lichtsignalsystem umgerüstet, aber eben noch nicht durchgängig. Und gerade die größeren Bahnhöfe der Strecke Sangerhausen, Nordhausen oder Leinefelde haben – abgesehen von den Einfahrvor- und teilweise Einfahrsignalen – fast ausschließlich noch mechanische Formsignale.

Die Traktionsumstellung von Dampf auf Diesel vollzog sich auf der Strecke Halle–Arenshausen ebenfalls über einen größeren Zeitraum. Die erste Diesellokomotive der Baureihe 180 (später 118, heute 228) verkehrte im Mai 1962 zwischen Halle und Nordhausen. Die letzte Dampflokomotiven wurden 1981 abgelöst. Ein kurzes Intermezzo bildete der nochmalige Einsatz von Dampflokomotiven der Baureihe 52 im Bw Nordhausen 1982/83.

Anfang 1986 wurde begonnen, die Elektrifizierung der Strecke Halle–Leinefelde vorzubereiten. Als Bauzeitraum waren die Jahre von 1989 bis 1992 vorgesehen. Die ersten Arbeiten wurden am 8. Januar 1989 begonnen: Fahrleitungsmastgründungen zwischen Berga-Kelbra und Heringen. Die Arbeiten zwischen Halle und Eisleben wurden im zweiten Halbjahr 1989 aufgenommen. Der zweigleisige Ausbau zwischen Bernterode und Leinefelde in Vorbereitung der Elektrifizierung war nicht vorgesehen. Allerdings sollten Fahrleitungsmaste und sonstige Anlagen der Streckenelektrifizierung auf diesem eingleisigen Streckenstück so gebaut werden, daß sie einer

Das Empfangsgebäude des Bahnhofs Halle (Saale) Hbf im Jahre 1965
Foto: Reichsbahndirektion Halle

späteren Zweigleisigkeit nicht im Wege standen. Eine Weiterführung der Elektrifizierung über Leinefelde hinaus bis Arenshausen war damals weder beabsichtigt noch vertretbar; denn durch die Umwandlung des Abschnitts Leinefelde–Heiligenstadt–Arenshausen in eine Stichbahn sank seine Bedeutung immer mehr. Dieser Streckenteil hatte lediglich noch lokale Bedeutung.
Investitionen größeren Ausmaßes gab es auf diesem Abschnitt nicht mehr. Die Streckengeschwindigkeit wurde reduziert und ständige Langsamfahrstellen mußten eingerichtet werden. Die Leinebrücke zwischen Uder und Arenshausen durfte wegen der Brückenmängel nur noch mit 10 km/h befahren werden.
An bedeutenden Hochbauten ist zwischen 1945 und 1989 lediglich das im April 1945 völlig zerstörte Empfangsgebäude des Bahnhofs Sangerhausen zu nennen, das am 6. Oktober 1963 nach vierjähriger Bauzeit als zweigeschossiger Flachbau seiner Zweckbestimmung übergeben wurde.

Das Wärterstellwerk des Bahnhofs Bernterode, das 1975 abgerissen worden ist.
Foto: Sammlung Lauerwald

Das Empfangsgebäude des Bahnhofs Leinefelde im Jahre 1988
Foto: Klamet

Das neue Empfangsgebäude des Bahnhofs Sangerhausen
Foto: Sammlung Lauerwald

Der westliche Streckenteil Eichenberg–Kassel

Der durchgehende Zugverkehr zwischen Eichenberg und Kassel war nach der Kapitulation des Deutschen Reiches vorerst nicht möglich. Die von der Wehrmacht gesprengten Brücken über die Werra bei Hedemünden und die Fulda bei Kragenhof ließen das nicht zu. Erschwerend wirkte sich aus, daß die Strecke Göttingen–Kassel über Dransfeld durch die Sprengung der Eisenbahnbrücke dieser Strecke über die Werra unmittelbar vor Hann. Münden ebenfalls unterbrochen war.
Der Betrieb zwischen Eichenberg und Kassel wurde am 8. Juli 1945 wiederaufgenommen, allerdings noch mit Umsteigen in Kragenhof. Über die Werra bei Hedemünden führte eine eingleisige Behelfsbrücke, die Fuldabrücke bei Kragenhof folgte einen Monat später. Am 10. August 1945 war sie eingleisig befahrbar, das Umsteigen in Kragenhof konnte damit entfallen.

Obwohl der Streckenteil Eichenberg–Kassel von Demontagen verschont blieb, bildeten die beiden eingleisigen Flußüberbrückungen Nadelöhre. Der erste Engpaß zwischen den Bahnhöfen Speele und Ihringshausen wurde am 10. August 1949 beseitigt. Die in km 155,2 bis 155,6 gelegene Kragenhofer Brücke über die Fulda wurde für den zweigleisigen Betrieb eröffnet. Die Werrabrücke bei Hedemünden folgte im Jahre 1950. Die Züge verkehrten mittlerweile von bzw. nach Göttingen über Eichenberg. Eichenberg war damit kein Anfangs- und Endbahnhof für Reisezüge von und nach Kassel mehr.
Die ersten knapp 90 Jahre der Eisenbahnstrecke Eichenberg–Kassel hatten ganz im Zeichen der Dampflokomotive gestanden. Doch als sich die Deutsche Bundesbahn 1960 anschickte, das 125jährige Jubiläum der deutschen Eisenbahnen zu feiern, stand fest, daß sie keine Dampfloks mehr beschaffen würde. Im Jahre 1960 wurde die 1000. elektrische Lokomotive an die DB ausgeliefert, und im Dezember desselben Jahres ver-

Vor dem zerstörten Bahnhof Kassel Hbf in den Nachkriegsjahren
Foto: Reichsbahndirektion Kassel

Die Bahnhofshalle in Kassel im Dezember 1950
Foto: Reichsbahndirektion Kassel

ließ auch die 1000. Diesellokomotive die Werkhallen. Die Lokstation auf dem Bahnhof Eichenberg (eine Außenstelle des Bahnbetriebswerks Göttingen) mit einem Werkstattgebäude, einem vierständigen Lokomotivschuppen, einer Drehscheibe und sieben Wasserkränen war Anfang der fünfziger Jahre aufgelassen worden. Die dort stationierten Dampflokomotiven der BR 64 und 94 wurden umbeheimatet.
1959 wurde die Strecke Eichenberg–Kassel für die Elektrifizierung vorgesehen. Die Diesellokomotive bildete auf dieser Strecke nur eine kurze Episode zwischen der Dampf- und der elektrischen Traktion. Eichenberg bekam am 26. Mai 1963 Anschluß an das elektrifizierte Netz, als der elektrische Zugbetrieb auf der Strecke Hannover–Bebra aufgenommen wurde. Am 25. Sep-

So sah der Querbahnsteig des Bahnhofs Kassel Hbf im Oktober 1954 aus
Foto: Reichsbahndirektion Kassel

Die Eisenbahnbrücke über die Werra bei Hann. Münden an der Strecke nach Göttingen vor 1945
Foto: Bundesbahndirektion Frankfurt am Main

Schrankenwärterhäuschen und Bahnübergang Ihringshausen (1956)
Foto: Bundesbahndirektion Frankfurt am Main

Das Empfangsgebäude des Bahnhofs Witzenhausen Nord (1957)
Foto: Bundesbahndirektion Frankfurt am Main

Aufnahme des elektrischen Zugbetriebs zwischen Kassel und Eichenberg am 25. September 1964

Das Stellwerk des Bahnhofs Speele (1964)
Foto: Bundesbahndirektion Frankfurt am Main

Der Bahnhof Speele Anfang 1966
Foto: Bundesbahndirektion Frankfurt am Main

tember 1964 wurde der elektrische Zugbetrieb zwischen Eichenberg und Kassel feierlich eröffnet. Damit konnte auch die Strecke Göttingen–Eichenberg–Kassel durchgehend elektrisch befahren werden.

Das erste Gleisbildstellwerk auf der Strecke wurde am 29. Februar 1960 in Ihringshausen in Betrieb genommen. Es war ein Stellwerk der Bauform Dr S2, durch das das Wärterstellwerk Iw eingespart werden konnte.

1964 wurde die gesamte Strecke mit Ausnahme des Bahnhofs Hann. Münden sicherungstechnisch durchgängig umgestaltet. Am 3. August 1964 wurde die Selbstblockstrecke zwischen Ihringshausen und der Abzweigstelle Kassel Rbf in Betrieb genommen. Die Blockstelle Niedervellmar entfiel, da Selbstblocksignale sie ersetzen.

Am 17. August 1964 wurden in Speele ein Dr S2-Stellwerk und die Selbstblockstrecken Hann. Münden–Speele sowie Speele–Ihringshausen eingeweiht. Dadurch entfielen die beiden Stellwerke Ss und Sn sowie die Blockstellen Bonafurth, Wilhelmshausen und Kragenhof. 14 Tage später, am 31. August 1964, ging auch auf dem Bahnhof Hedemünden ein Dr S2-Stelwerk in Betrieb. Zugleich hatte die Selbstblockstrecke Hann. Münden–Hedemünden ihre Premiere. In Hedemünden ging damit das Wärterstellwerk Hw außer Betrieb.

Am 14. September 1964 wurden ein Dr S2-Stellwerk auf dem Bahnhof Witzenhausen Nord und die Selbstblockstrecken Hedemünden–Witzenhausen Nord sowie Witzenhausen Nord–Eichenberg in Betrieb genommen. Außer Betrieb gingen damit das Wärterstellwerk Wo von Witzenhausen Nord und die Blockstelle Gertenbach.

Das neue Drucktastenstellwerk in Ihringshausen (1960)
Foto: Bundesbahndirektion Frankfurt am Main

Das Empfangsgebäude des Bahnhofs Hedemünden (1965)
Foto: Bundesbahndirektion Frankfurt am Main

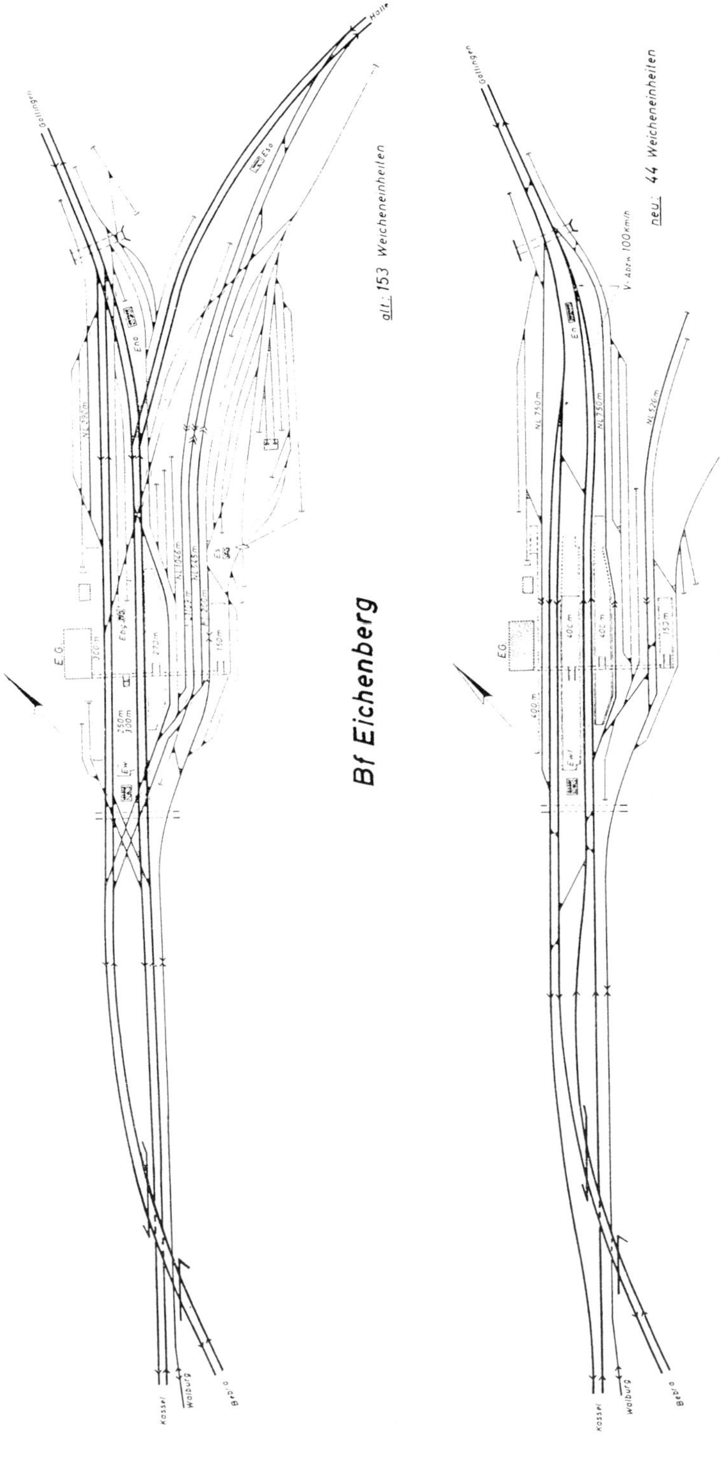

Das Empfangsgebäude des Bahnhofs Hann. Münden im Jahre 1950 von der Straßenseite

...und von der Gleisseite
Fotos: Reichsbahndirektion Kassel

Der Gleisplan des Bahnhofs Eichenberg vor und nach der Umgestaltung im Jahre 1962

Hotel Jung
Langestraße

Die Bahnsteige im Bahnhof Hann. Münden (1966)
Foto: Bundesbahndirektion Frankfurt am Main

Das Zentralstellwerk in Hann. Münden im Bau (1979)
Foto: Bundesbahndirektion Frankfurt am Main

Bahnübergang bei Niedervellmar (1965)
Foto: Bundesbahndirektion Frankfurt am Main

Der Bahnhof Eichenberg war schon außerhalb dieses Programms umgestaltet worden. Bereits 1959 hatte die Hauptverwaltung der Deutschen Bundesbahn beschlossen, auf eine laufende, systematische Vereinfachung der teilweise recht aufwendigen Gleisanlagen zu drängen. Daraufhin wurde der Gleisplan des Bahnhofs Eichenberg 1962 völlig umgestaltet. Die Zahl der Weicheneinheiten ging von 153 auf 44 zurück. Die 16 Doppelherzstücke in den durchgehenden Hauptgleisen wurden beseitigt.
Das hatte auch Konsequenzen für die Stellwerkstechnik und die Zahl der Stellwerke. Das bisherige Fahrdienstleiterstellwerk Emf wurde am 26. April 1962 außer Betrieb genommen und abgerissen. Der Arbeitsplatz des Fahrdienstleiters kam auf das bisherige Stellwerk Ew, das ab April 1962 Esf hieß. Außerdem gab es das Stellwerk Eno (später En). Die Stellwerke Eso und Es waren bereits seit 1945 bzw. 16. Oktober 1959 außer Betrieb. Sie wurden 1962/63 abgerissen. Von 1967 bis 1969 wurde das Zentralstellwerk (Bauart SpDrS 60) an einem neuen Standort neben dem Empfangsgebäude errichtet und am 28. April 1969 in Betrieb genommen. Die beiden Stellwerke Esf und En entfielen und wurden im Mai 1969 abgerissen.
Inmitten dieses mit moderner Drucktastentechnik ausgestatteten Streckenabschnitts bildete der Bahnhof Hann. Münden mit seinen vier Stellwerken Mo, Mn, Mw und Mf eine Insel. Die 1911 errichteten mechanischen Stellwerke verrichteten noch bis 1980 ihren Dienst. Am 27. Oktober dieses Jahres ging das neue Sp Dr S60-Stellwerk in Betrieb und ersetzte die vier alten Stellwerke, die dann abgerissen wurden. Am 18. Januar 1988 übernahm der Fahrdienstleiter in Hann. Münden die Fernsteuerung des Bahnhofs Speele, der nicht mehr mit einem örtlichen Fahrdienstleiter besetzt war.
Die Rationalisierung führte auch zur Schließung einiger Zugangsstellen und zu Einschränkungen in der Abfertigungsbefugnis. Wilhelmshausen

Die Brücke bei Laubach im Bauzustand (1967)
Foto: Bundesbahndirektion Frankfurt am Main

Brückenbaustelle bei Niedervellmar (1975)
Foto: Bundesbahndirektion Frankfurt am Main

Im Stellwerk des Bahnhofs Kassel Hbf (1958)
Fotos: Bundesbahndirektion Frankfurt am Main

Wandgemälde in der Bahnhofshalle des Kasseler Hauptbahnhofs (1965)

Ein Seitenflügel des Empfangsgebäudes in Kassel Hbf (1976)
Foto: Bundesbahndirektion Frankfurt am Main

war bereits am 1. Januar 1965 die Abfertigungsbefugnis aberkannt und in einen unbesetzten Haltepunkt umgewandelt worden. Die endgültige Schließung als Tarifpunkt und Haltepunkt geschah am 22. Mai 1977. Die Schließung von Laubach wurde für den 28. Mai 1967 angekündigt, mußte aber aufgrund öffentlichen Drucks wieder rückgängig gemacht werden. Die Auflassung folgte erst 15 Jahre später, am 28. August 1982. Ihringshausen wurde im Zusammenhang mit den Bauarbeiten für die Neubaustrecke im Raum Kassel mit Wirkung vom 28. Mai 1989 für den öffentlichen Verkehr geschlossen. Aus den gleichen Gründen wurde Kragenhof ein Jahr später, am 29. Mai 1990, aufgelassen. Es hatte bereits am 27. Oktober 1962 die Abfertigungsbefugnis für Eilstückgut verloren. Am 1. August 1976 wurde der örtliche Fahrkartenverkauf eingestellt, die Abfertigungsbefugnis fur Reisegepäck und Expreßgut entzogen und Kragenhof in einen unbesetzten Tarifpunkt umgewandelt. Speeles Abfertigungsbefugnis im Stückgutverkehr wurde mit Wirkung vom 23. März 1967 lediglich auf Stückgut des Anschließers, der Firma Rathgeber, beschränkt.

Auch die beiden in das westliche Streckenstück einmündenden Nebenbahnen waren von Rationalisierungsmaßnahmen betroffen. Auf der Gelstertalbahn Walburg–Großalmerode–Witzenhausen Süd–Eichenberg wurde am 3. Juni 1973 der Reisezugbetrieb eingestellt. Für die Personenbeförderung wurden Bahnbusse eingesetzt. Stückgut- und Wagenladungsverkehr waren zunächst noch uneingeschränkt möglich, sind mittlerweile aber auf den Bahnhof Witzenhausen Süd beschränkt.

Die einstige Hauptbahn Göttingen–Hann. Mün-

den wurde am 1. Juni 1980 für den Reiseverkehr geschlossen, das Teilstück Göttingen–Dransfeld für jeglichen Zugverkehr gesperrt und am 27. September 1981 endgültig stillgelegt.
Schrittweise wurde auch die Verwaltung auf der Strecke rigoros verkleinert. Mit Wirkung vom 1. April 1968 wurde Speele als selbständige Dienststelle aufgehoben und Ihringshausen zugeordnet. Dieser Bahnhof mit den ihm unterstellten Haltepunkten Kragenhof und Niedervellmar wurde am 1. Dezember 1977 dem Bahnhof Kassel Rbf zugeordnet. Am 1. August 1976 war Speele dem Bahnhof Hann. Münden unterstellt worden. An dem gleichen Tag verlor der Bahnhof Witzenhausen Nord mit dem Bahnhof Hedemünden und dem Haltepunkt Gertenbach seine Selbständigkeit und wurde dem Bahnhof Hann. Münden unterstellt, der gleichzeitig die unbesetzten Haltepunkte Wilhelmshausen und Laubach aus der Verantwortung der Bahnmeisterei Hann. Münden übernahm.
Am 1. Januar 1989 übernahm der Bahnhof Kassel Rbf mit dem Bahnhof Hann. Münden die Gesamtverantwortung für den Abschnitt Eichenberg (ausschließlich)–Kassel Hbf (ausschließlich). Eine letzte Änderung ergab sich am 1. Oktober 1990. Da der im Bereich der Regionalabteilung Kassel der Bundesbahndirektion Frankfurt am Main liegende Streckenabschnitt der Neubaustrecke Hannover–Würzburg dem Bahnhof Kassel Hbf zugeordnet wurde, mußte Ihringshausen aus dem Bestand des Bahnhofs Kassel Rbf ausgegliedert und dem Bahnhof Kassel Hbf unterstellt werden. Verkehrlich zählen alle genannten Dienststellen zum Zuständigkeitsbereich der Güterabfertigung Kassel Hbf.
Auch der Bahnhof Eichenberg am westlichen Ende hat seine Selbständigkeit verloren. Er gehört seit 1. März 1986 zum Bahnhof Göttingen.
Die Bedeutung der Strecke Eichenberg–Kassel Hbf war durch die Abtrennung von ihrer östlichen Fortsetzung bis Halle erheblich eingeschränkt. Daran konnte auch die Anbindung an Göttingen, d. h. die Verlängerung der Züge über Eichenberg hinaus, nichts ändern. Zwar war die Strecke seit 1973 im IC-Ergänzungsnetz als Anschlußstrecke ausgewiesen, seit 1979 Teil der Verlängerungsstrecke Frankfurt am Main–Gießen–Marburg–Kassel–Göttingen des IC-Netzes und in das 1987 geschaffene InterRegio-Netz eingebunden, doch profitierten davon lediglich Kassel Hbf, das nicht durch IC-Züge angefahren wurde, und, bei einigen schnellfahrenden Zügen, Hann. Münden.
Mit der Planung der Neubaustrecke Hannover–Würzburg deutete sich das Ende dieser Netzeinbindung an. Denn Kassel Hbf brauchte nicht mehr an den IC-Bahnhof Göttingen angebunden zu werden, da im Zuge der Neubaustrecke der westlich vom Hauptbahnhof gelegene Bahnhof Kassel-Wilhelmshöhe als neuer IC-Halt geplant war. Das Absinken des westlichen Teils der Strecke Halle–Kassel in die Bedeutungslosigkeit schien besiegelt zu sein.
Die hochbaulichen Veränderungen betrafen lediglich den Wiederaufbau des zerstörten Kasseler Hauptbahnhofs. Zu seiner Wiederherstellung wurden fast 15 Jahre benötigt. Der Hauptbau konnte 1955, anläßlich der Bundesgartenschau, durch Errichtung eines Restaurants und eines Kinos vervollständigt werden, doch fehlte noch der Nordbau, der dem Ganzen einen würdigen und ansprechenden Abschluß geben sollte. Seine Fertigstellung verzögerte sich, und erst 1959 war der Bahnhof Kassel Hbf völlig wiederhergestellt.

13

Der 9. November 1989 und seine Folgen

Die nach Öffnung der Grenze am 9. November 1989 wiedergewonnene Reisefreiheit führte zu einer ungeheuren Belastung der wenigen Grenzübergänge sowohl der Eisenbahn als auch der Straße. Die teilweise chaotischen Verhältnisse in den ersten Tagen und Wochen nach der Grenzöffnung zwangen das Ministerium für Verkehrswesen der DDR und das Bundesministerium für Verkehr sehr schnell zu gemeinsamen Überlegungen, wie die Übergangsmöglichkeiten der Eisenbahn ausgebaut und durch neue Grenzübergänge erweitert werden können.

Pressemeldungen vom 24. November 1989 zufolge wurden bei den ersten Verhandlungen zwischen dem Ministerium für Verkehrswesen und der Hauptverwaltung der Deutschen Bundesbahn die Möglichkeiten erörtert, einen Eisenbahnübergang bei Eichenberg zu schaffen, um den Grenzübergang Bebra–Gerstungen zu entlasten. Nördlich von Bebra–Gerstungen befand sich als nächster Übergang erst der zwischen Marienborn und Helmstedt. Zwar wurde am 12. November 1989 der bisher nur dem Güterverkehr vorbehaltene Übergang Ellrich–Walkenried auf der Strecke Nordhausen–Northeim auch für den Reiseverkehr geöffnet, doch reichten die Übergänge zwischen der DR und der DB nicht aus.

Die einschließlich der Besatzungszeit nahezu 45jährige Spaltung Deutschlands hatte zu einer Umorientierung im Eisenbahnverkehr beider deutscher Staaten geführt. Anstelle der bis 1945 vorherrschenden Ost-West-Verbindungen dominierte sowohl bei der DR als auch bei der DB die Nord-Süd-Relation. So waren die wenigen noch funktionierenden Ost-West-Verbindungen den neuen Belastungen nicht gewachsen. Die zu erwartenden Verkehrsbedürfnisse konnten mit diesen Übergängen nicht befriedigt werden.

Nach den Absprachen zwischen dem Ministerium für Verkehrswesen und dem Bundesministerium für Verkehr erhielt die Hauptverwaltung der Deutschen Bundesbahn den Auftrag, einen neuen Grenzübergang beim Bahnhof Eichenberg einzurichten. Der Planungsauftrag wurde wegen der Eilbedürftigkeit bereits am 30. November 1989 erteilt. Beide Seiten gingen sofort an die zügige Erarbeitung der entsprechenden Dokumentationen und Planungsvorgaben. An die Strecke zwischen Arenshausen und Eichenberg wurden folgende Anforderungen gestellt:

- eingleisige Hauptbahn, Trasse für späteren Wiederaufbau des zweiten Streckengleises jedoch freihalten,
- Elektrifizierung ist planerisch zu berücksichtigen,
- als Leitgeschwindigkeit sind 140 km/h anzustreben,
- als Zugmassen der Reisezüge sind maximal 700 t bei Bespannung mit BR 132 (jetzt 232; DR), BR 216/218 (DB), BR 110/120 (DB), BR 243/250 (jetzt 143/155; DR) vorzusehen,
- Bremsweg 1 000 m,
- Indusi-Ausrüstung,
- selbsttätiger Streckenblock,
- Streckenklasse D 4,

Längst Geschichte!
Foto: Panzer

Die Trasse zwischen Eichenberg und Arenshausen nach den ersten Arbeiten im Januar 1990
Foto: Panzer

Unweit der ehemaligen Staatsgrenze. Hier war die von den Grenztruppen der DDR geschaffene Lücke zu verfüllen.
Foto: Reichsbahndirektion Erfurt

– Lichtraumprofil nach EBO,
– Lastbild für Brücken nach UIC 71.

Damit waren auch die Kriterien für die Zukunft der Gesamtstrecke Halle–Kassel gegeben.

Warum der erste Lückenschluß im innerdeutschen Eisenbahnnetz gerade hier vollzogen wurde, hatte mehrere Gründe. Zum ersten bot sich dieser Übergang an, weil die Strecke Halle–Kassel eine verkehrsgünstige Ost-West-Verbindung mit guten Anbindungsmöglichkeiten an die Streckennetze sowohl der DB als auch der DR ist. Zum zweiten war die Entfernung zwischen den beiden Übergängen Gerstungen–Bebra und Marienborn–Helmstedt derartig groß, daß ein zwischen diesen gelegener Übergang insbesondere zur Entlastung des Übergangs Gerstungen–Bebra sinnvoll erschien. Und schließlich war für die Planung die Tatsache nicht unerheblich, daß die zu schließende Gleislücke lediglich 3,9 km betrug, und die Trasse, abgesehen von einer Unterbrechung in unmittelbarer Grenznähe durch einen Kolonnenweg der Grenztruppen der DDR, nahezu intakt und unbebaut war.

Damit erhielt die Eisenbahnstrecke Halle–Kassel eine noch kurz zuvor nicht denkbare Perspektive. Alle bisherigen Planungen und Überlegungen über die weitere Ausgestaltung bzw. Reduzierung der beiden seit 1945 unterbrochenen Streckenteile Halle–Arenshausen und Eichenberg–Kassel waren hinfällig geworden. Neue, der Bedeutung dieser Ost-West-Magistrale entsprechende Vorstellungen und Pläne waren gefragt.

14

Der Lückenschluß zwischen Arensbausen und Eichenberg

Die Aufgabe war nicht einfach. Innerhalb von sechs Monaten war nicht nur das 3,9 km lange Streckenstück mit der Überbrückung der B 80 zu bauen, der Bahnhof Arenshausen mußte umgestaltet und die Strecke in den Bahnhof Eichenberg eingebunden werden. Auch zwischen Heiligenstadt und Arenshausen waren Arbeiten erforderlich, die bis zur Inbetriebnahme des Übergangs fertig sein mußten. Das betraf jedoch nicht alle Maßnahmen, um diesen Abschnitt wieder als Hauptbahn einstufen zu können. So blieben die Aufhebung der Dauerlangsamfahrstelle von 10 km/h über die Leinebrücke zwischen Uder und Arenshausen, die Umrüstung der Haltlicht- in Halbschrankenanlagen und die Beseitigung eines unbeschrankten Bahnübergangs späteren Bauetappen vorbehalten. Das führte letztlich dazu, daß ab 27. Mai 1990 über einen Nebenbahnabschnitt Schnellzüge verkehrten.

Bei der Planung und den Vorbereitungsarbeiten waren noch vielfältige Hindernisse zu überwinden. Anfang 1990 war der Beitritt der DDR zur Bundesrepublik Deutschland nicht absehbar. So war es nicht verwunderlich, daß sowohl die Grenztruppen der DDR und der Bundesgrenzschutz als auch die Zollorgane beider Staaten erhebliche Forderungen an die bauliche Ausstattung der beiden Grenzbahnhöfe stellten. Insbesondere die Organe der DDR hatten Wünsche, die an die Zeiten der tiefsten Abschottung der DDR gegenüber der westlichen Welt erinnerten. Für Arenshausen wurden eine GÜST (Grenzübergangsstelle) mit zwei Reisezug- und fünf Güterzuggleisen sowie Aufenthaltsmöglichkeiten für Zoll- und Grenztruppen gefordert. Da das im Bahnhof Arenshausen nicht realisierbar war, wurde die Möglichkeit einer Güterzug-GÜST zwischen Arenshausen und Eichenberg ebenso untersucht wie die Verlagerung der Grenzabfertigung ins Hinterland.

Da der im Zusammenhang mit dem Kolonnenweg entlang der Grenze geschaffene Einschnitt in den Bahnkörper in unmittelbarer Grenznähe wieder verfüllt werden mußte, forderten die Grenztruppen ersatzweise einen Durchlaß, der die durchgängige Befahrbarkeit des Kolonnen-

Die drei Container des SpDrS 60-Stellwerks für den Bahnhof Arenshausen
Foto: Reichsbahndirektion Erfurt

wegs sichern sollte. Diese Forderung wies die Deutsche Reichsbahn zurück. Das war angesichts der Tatsache, daß der Generaldirektor der Deutschen Reichsbahn noch am 2. Januar 1990 eine neue „Anweisung für besondere Maßnahmen auf Grenzbahnhöfen der DR (Grundsätze Grenzbahnhöfe)" erlassen hatte, die sich nicht wesentlich von ihren Vorgängern unterschied, schon bemerkenswert.

Glücklicherweise konnte nicht nur der Durchlaß vermieden werden, auch die „Grundsätze Grenzbahnhöfe" wirkten sich nicht mehr auf die sicherungstechnische Ausstattung des Grenzbahnhofs Arenshausen aus. Immerhin wurde am 25. Januar 1990 festgelegt, in Arenshausen die Wohncontainer für Zoll und Grenztruppen aufzustellen und hier einen 20- bis 30minütigen Aufenthalt für die Zoll- und Grenzabfertigung vorzusehen. Beides geschah dann auch.

Unklar waren die Auftragsvergabe der Bauarbeiten auf DR-Gebiet sowie Art und Umfang der Sicherungsanlagen des Bahnhofs Arenshausen. Ursprünglich vorgesehen und noch am 16. Januar 1990 bekräftigt war, daß die Tief- und Gleisbauarbeiten durch eigene Kapazitäten der DR ausgeführt werden.

Auf dem Bahnhof Arenshausen war am Westkopf ein mechanisches Wärterstellwerk zur Ergänzung der bestehenden Anlagen, des Wärterstellwerks Ao am Ostkopf und der Befehlsstelle im Empfangsgebäude, vorgesehen. In einer Beratung am 13. Februar 1990 wurde von diesen Vorstellungen abgerückt. Es wurde erwogen, ein Drucktastenstellwerk der Bauform SpDrS 60 als „Fertigstellwerk" in Containern zu errichten, das die DB der DR leihweise zur Verfügung stellen wollte.

Auch hinsichtlich der Tief- und Gleisbauarbeiten änderten sich die ursprünglichen Auffassungen. Die DR war überfordert, in der Kürze der Zeit und ohne andere Sanierungsarbeiten im Streckennetz zu gefährden, diese Aufgaben mit eigenen Kapazitäten zu lösen. So wurde die Firma Hermann Koehne, Bauunternehmung Essen, als Generalun-

Die Behelfsbrücke über die B 80 zwischen Arenshausen und Hohengandern für das Baugleis
Foto: Reichsbahndirektion Erfurt

Das Baugleis von Arenshausen Richtung Grenze
Foto: Reichsbahndirektion Erfurt

ternehmer für die Arbeiten auf DR-Gebiet verpflichtet. Als Folge des Lückenschlusses nahm die DR die vorrangige Elektrifizierung des Streckenabschnitts Leinefelde–Arenshausen–Eichenberg in ihr Programm auf, ebenso den zweigleisigen Ausbau des Streckenstücks von Bernterode (Abzw. Deuna) bis Arenshausen Grenze.

Am 16. Januar 1990 begannen die Vermessungsarbeiten der Trasse auf DR-Gebiet durch einen Vermessungstrupp des EVDR der DR. Die DB hatte bereits in der zweiten Dezemberhälfte 1989 mit den Arbeiten begonnen. Bundesbahner und Beschäftigte der Firma Kreuder, Göttingen, schlugen die alte Bahntrasse zwischen dem

Bahnhof Eichenberg und der Staatsgrenze frei und entfernten Buschwerk. Planierraupen und Lastkraftwagen bestimmten das Bild, Häcksler ratterten, Motorsägen kreischten. Bald war der alte Bahnkörper wieder als solcher erkennbar.

Im Januar 1990 wurde auf beiden Seiten mit Hochdruck gearbeitet. Am 27. Januar wurde mit einem EDK 1000 eine einspurige Behelfsbrücke in Kastenprofilausführung über die F 80/B 80 bei Arenshausen eingebaut und darüber ein Baugleis vom Bahnhof Arenshausen bis zum Dammdurchbruch in unmittelbarer Nähe der Staatsgrenze verlegt. Um diese Dammlücke zu schließen, war auf 40 m Länge ein 4 m hoher Damm zu errichten. Etwa 2 400 m^3 Erdmassen mußten dazu herangefahren und vor Ort verfüllt werden. Dazu wurde das Baugleis einschließlich der Überbrückung der F 80/B 80 benötigt.

Um Baufreiheit für die Arbeiten auf östlicher Seite zu schaffen, wurden vom 15. Februar 1990 bis zum 26. Mai 1990 das Streckengleis Uder–Arenshausen von km 160,10 bis km 166,42 und der Bahnhof Arenshausen gesperrt. Die Arbeiten betrafen die Umgestaltung des östlichen und westlichen Kopfs des Bahnhofs Arenshausen, den Wiederaufbau des Gleises 1 und den Umbau des Gleises 2 einschließlich des Bahnsteigneubaus in Arenshausen, Oberbauarbeiten im Streckengleis Uder–Arenshausen und Tiefbauarbeiten im gleisfreien Planum Uder–Arenshausen. In der Sperrzeit wurde für den Reiseverkehr zwischen Heiligenstadt und Arenshausen Schienenersatzverkehr eingerichtet, während die Be- und Entladung von Güterwagen nach Uder bzw. Heiligenstadt verlegt wurde.

Von Eichenberg her wurden die Arbeiten ebenfalls intensiv vorangetrieben. Da nach Luftbildaufnahmen aus britischen Archiven im Bereich des neu anzulegenden Bahnsteigs D im zweiten Weltkrieg Bomben abgeworfen wurden waren, wurde die Firma „celler brunnenbau" beauftragt, im Abstand vom 3 m Bohrungen für Oberflächen- und Tiefensondierungen zur Ortung von Flugzeugbomben auszuführen. Die Sondierungen nahm dann die Firma Karl Schollenberger, Kampfmittel-Bergung Sande, vor. Glücklicherweise wurden keine Bomben geortet, deren Bergung die Arbeiten ggf. erheblich hätte beeinträchtigen können.

In Eichenberg waren drei Gleise neu zu bauen, der alte Bahnsteig D der stillgelegten Gelstertalbahn nach Großalmerode abzubrechen und ein neuer Bahnsteig für die zwischen Halle und Kassel verkehrenden Züge zu errichten. Gleichzeitig mußte ein Aufgang von der Unterführung zum neuen Bahnsteig D geschaffen werden. Dazu kamen der Bau der Sicherungs-, Fernmelde- und Starkstromanlagen, die Herstellung der Fundamente sowie die Montage der Oberleitungsmasten und der Oberleitung für die neuen Gleise.

Bedeutsam für eine flüssige Betriebsführung in Eichenberg, das mit dem Fahrplanwechsel am 27. Mai 1990 wieder Kreuzungspunkt der Nord-Süd-Strecke Göttingen–Bebra mit der Ost-West-Strecke Halle–Kassel werde sollte, war der Bau der Überleitstelle Eschenwiesen im km 172,50 südlich von Eichenberg. Die in der Zeit vom 28. März bis zum 21. Mai 1990 gebaute Überleitstelle gewährleistet die niveaufreie Kreuzung des linken Gleises der Strecke Halle–Kassel mit den Gleisen der Strecke Göttingen–Bebra. Es wird unter den beiden Streckengleisen der Nord-Süd-Strecke hindurchgeführt. Da die zweigleisige Strecke Eichenberg–Kassel für den Gleiswechselbetrieb eingerichtet ist, können so Zugfahrten auf beiden Strecken ohne gegenseitige Behinderung stattfinden.

Bei der Vereinbarung, welches Streckengleis auf dem zweigleisigen Planum errichtet werden soll, hatten beide Verwaltungen das von ihrem Endbahnhof jeweils rechte Gleis angenommen. So wäre allerdings ein Lückenschluß an der damaligen Staatsgrenze, die zugleich Grenze der beiden Bahnen war und ist, nicht möglich gewesen. Als Konsequenz baute die Deutsche Reichsbahn die Strecke von Arenshausen aus bis zur Grenze zweigleisig aus.

Damit war auch das fehlende Brückenbauwerk über die F 80/B 80 für den zweigleisigen Betrieb herzurichten. Der rechte Überbau (Gleis Arenshausen–Grenze) wurde am 21. und 22. April 1990 eingebaut, der linke Überbau

Das Gleis 1 des Bahnhofs Arenshausen entsteht nach über 40 Jahren wieder.
Fotos: Reichsbahndirektion Erfurt

(Gleis Grenze–Arenshausen) folgte am 9. Mai 1990.
Am 3. Mai 1990 kam es zum Lückenschluß des neuen Gleises. Das Anziehen der letzten Schwellenschrauben, mit denen die Schienen aus Ost und West fest miteinander verbunden wurden, gestaltete sich zu einem Volksfest.
Doch bis zur feierlichen Inbetriebnahme blieb noch viel zu tun. Die sicherungstechnischen Arbeiten auf beiden Bahnhöfen dauerten quasi bis zum Eröffnungstag. Auch bei den Bahnsteigen und in der Ausgestaltung der Dienstgebäude war noch genug zu tun.
Am 17. April 1990 begann die Ausbildung der Fahrdienstleiter des Bahnhofs Arenshausen für das neue Stellwerk, das am 27. März 1990 an-

Bohrungen im Bahnhof Eichenberg, um nach britischen Fliegerbomben aus dem zweiten Weltkrieg suchen zu können (1990)
Foto: Sammlung Koch

geliefert und in drei Containern untergebracht auf dem Bahnhofsvorplatz östlich des Empfangsgebäudes aufgestellt wurde. Eine gründliche Ausbildung war neben Vorschriftenanpassungen notwendig, kam doch mit diesem Stellwerk erstmalig bundesdeutsche Spurplantechnik bei der DR zum Einsatz, die sich in verschiedenen Details von der in der DDR produzierten unterschied.

Am 19. Mai, eine Woche vor der vorgesehenen Eröffnung waren die Arbeiten soweit abgeschlossen, daß Bahnhöfe und Streckengleis für die Abnahme und Erprobungen sowie für Fahrten zum Erwerb der Strecken- und Bahnhofskenntnis genutzt werden konnten.

Die volle Inbetriebnahme des Bahnhofs Arenshausen war am 25. Mai, allerdings ohne Gleis 3. Dieses Gleis sollte später umgebaut werden.

Am 26. Mai 1990 war es dann soweit. Nach mehrmonatiger angestrengter Arbeit aller Beteiligten konnte der neue Übergang zwischen der DR und der DB zum vorgesehenen Termin feierlich in Betrieb genommen werden. Von Arenshausen verkehrte der offizielle Eröffnungszug, eine historische Wagengarnitur (der Zwickauer Traditionszug), bespannt mit einer Dampflokomotive, der 01 1531. Punkt 11.00 Uhr setzte er sich von Arenshausen aus in Richtung Eichenberg in Bewegung. Beim Passieren der Grenze in Schrittgeschwindigkeit wurden 1 000 Luftballons in die Luft gelassen. Tausende Menschen säumten die Strecke. Nach der Rückkehr des Eröffnungszugs aus Eichenberg schloß sich ein Festakt in Arenshausen an.

Transport des Stahlüberbauteils für die Leinebrücke bei Uder (28 m lang, 72 t schwer)
Foto: Schachtbau Nordhausen GmbH

Einheben des Stahlüberbaus auf die vorbereiteten Fundamente am 25. Mai 1991
Foto: Schachtbau Nordhausen GmbH

Wir liefern für Sie:

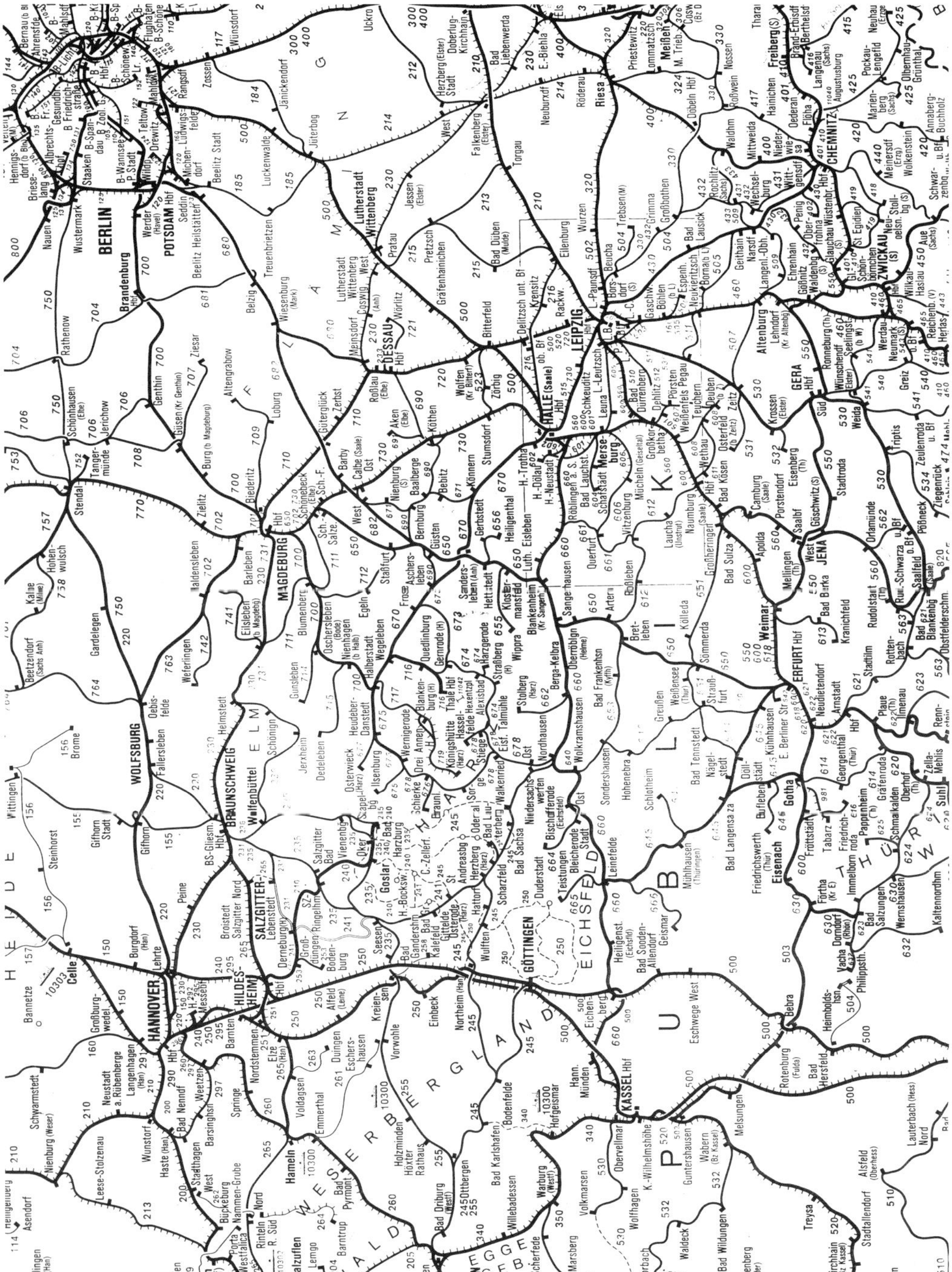

Die Strecke Halle–Kassel wieder ohne Unterbrechung.
Kursbuchkarte von 1991/92

660 Halle (Saale)–Nordhausen–Eichenberg–Kassel

km	Zug Nr	4556	D 440						4520	8510		9570	4522	9572	D 1050	4532	16550	E 850
	Berlin-Lichtenberg 500 ab	♦19.44	†19.14	...	...	...	...	...	23.59	...	...	...	2.41	...	...	...	...	5.30
	Halle (Saale) an	22.03	22.32	...	...	...	...	...	2.24	...	...	...	5.09	...	...	...	...	8.00
	Dresden Hbf 320 ab	19.33		...	...	...	...	...	⧗23.00	...	...	...	...	...	...	...	...	⧗5.11
	Leipzig 515 ab	21.49	22.59	...	...	...	...	...	1.00	...	...	3.00	...	5.16	5.51	6.30	...	7.16
	Halle (Saale) an	22.18	23.28	...	...	...	...	...	1.43	...	...	3.33	...	5.59	6.11	6.59	...	7.58
km	Rbd Halle	⬭✝1)					⬭1)		🚌1)	🚌		⬭2)	⬭	⬭	1. 2.	⬭	⬭	🚌2)
0,0	**Halle** (Saale) Hbf ✕ 6 ab	22.44	23.42	...	...	...	...	...	2.40	...	...	4.24	5.15	6.07	6.42	7.15	...	8.23
9,9	Angersdorf	22.55		...	...	...	...	...	2.51	...	...	4.35	5.26	6.17		7.26	...	⬭
12,7	Zscherben (u)	22.59		...	...	...	...	...	2.55	...	...	4.38	5.30	6.20		7.30	...	
15,9	Teutschenthal Ost	23.03		...	...	...	...	...	2.59	...	...	4.42	5.35	6.24		7.35	...	
18,3	Teutschenthal	23.07		...	...	...	...	...	3.04	...	...	4.46	5.40	6.28		7.40	...	
21,1	Wansleben am See ✕	23.11		...	...	...	...	...	3.08	...	...	4.50	5.44	6.32		7.44	...	
23,1	Amsdorf (u)	22.14		...	...	...	...	...		...	...	4.53	5.47	6.35		7.47	❷	
26,8	**Röblingen** am See 661 3 an	23.18		...	...	...	...	...	3 13	...	...	4.56	5.51	6.38	7.06	7 50	8.00	
	ab	23.19		...	...	...	...	...	3.14	...	...	5.00	5.54	6.39	Leipzig—Kassel 7.08	7.51	■8.02	
29,2	Erdeborn	23.22		...	...	...	...	...	3.17	...	...	5.03	5.57	6.42		7.55	(8.06	
34,6	Helfta	23.28		...	...	...	...	...	3.24	...	...	5.08	6.04	6.47		8.02	(8.14	
37,9	**Lutherstadt Eisleben** ⧗ ✕ an	23.32	0.15	...	...	...	...	...	3.28	...	...	5.11	6.08	6.50	7.20	8.05	■8.17	8.56
	ab	23.33	0.16	...	...	...	...	...	3.29	...	...	...	6.09	...	7.22	8.06	...	8.57
41,7	Wolferode … Rbd Erfurt	23.39	Zwickau	...	...	...	...	...	3.34	...	...	...	6.14	...		8.11	...	
48,6	Blankenh (Kr Sgh) s.a. 650	23.50		...	...	...	...	...	3.45	...	...	...	6.25	...		8.22	...	
52,9	Riestedt	23.58		...	...	...	...	...		...	...	...	6.32	...		8.29	...	
59,4	**Sangerhausen** ✕ an	0.06	0.43	...	...	...	...	...	3.58	...	...	...	6.40	...	7.50	8.37	...	9.24
	Magdeburg Hbf 650 ab	...		...	...	...	...	...	...		...	...	...	...	...	5.33	...	...
	Güsten ab	...	...	...	...	...	...	...	...	3.22	...	...	...	...	...	7.09	...	...
	Sangerhausen an	...	...	...	...	...	...	...	...	4.44	...	...	...	...	...	8.30	...	...
59,4	**Sangerhausen** ✕ 650 ab	0.07	0.45	...	...	...	...	...	4.14	5.15	...	...	6.43	...	7.51	8.42	...	9.26
66,1	Wallhausen (Helme) ✕	0.13		...	...	...	...	...	4.20	5.22	...	...	6.49	...		8.48	...	
71,8	Bennungen	0.20		...	...	...	...	...	4.27	5.29	...	...	6.56	...		8.55	...	
75,8	Roßla ✕	0.25	Düsseldorf	...	...	...	...	...	4.32	5.35	...	...	7.01	...		9.00	...	
79,6	**Berga-Kelbra** ⧗ 662 ✕ an	0.30		...	...	...	...	...	4.37	5.40	...	...	7.06	...	8.08	9.05	...	9.43
	ab	0.30		...	...	...	...	...	4.38	5.42	...	...	7.07	...	8.09	9.06	...	9.44
84,6	Görsbach	0.37		...	...	...	...	...	4.45	5.49	...	...	7.14	...		9.13	...	
89,7	Heringen (Helme)	0.42		...	...	...	...	...	4.50	5.54	...	...	7.19	...		9.18	...	
97,3	**Nordhsn** ✕ 640. 663. 678 an	0.50	1.18	...	...	...	...	...	4.58	6.02	...	...	7.27	...	8.26	9.26	...	10.01
	Nordhausen 663 ab	...	...	...	...	...	...	...	■5.12	6.25	...	...	X7.30	...	8.30	...	...	10.25
	Ellrich 245 an	...	...	...	...	...	...	...	5.32	6.46	...	...	7.52	...	8.47	...	...	10.47
	Herzberg DB an	...	...	...	...	...	...	...	6.08	7.17	...	...	8.24	...	9.20	...	...	11.19
	Northeim an	...	...	...	...	...	...	...	■6.38	7.47	...	...	X8.52	...	9.45	...	...	11.47
	Zug Nr			8500	8970	6907	8506	8972		E 697		E 2890				6913	8976	8978
					✝4)		✝5)	✝2)		🚌								🚌2)
97,3	**Nordhsn** ✕ 640.663.678 ab	†0.58	1.20	...	...	4.11	X4.24	...	5.05	6.08	...	6.20	7.42	...	8.29	9.00	...	10.04
102,0	Werther s.a. 640	1.04		...	...	4.18		...	5.12		...	6.22	7.49	...		9.07	...	10.13
105,5	**Wolkramshsn** ✕ an	1.10		...	...	4.24	4.36	...	5.18	6.19	...	6.33	7.55	...		9.13	...	10.17
	ab	1.10		...	...	4.25	4.36	...	5.19	6.20	...	6.34	7.56	...		9.14	...	10.18
108,9	Nohra (Wipper) (u)	1.14		...	...	❶		...	5.23	Nordhausen—Meiningen	...	6.38	8.00	...		❸	...	10.22
111,7	Wipperdorf	1.18		...	...	...		...	5.29		...	6.44	8.06	...		...	...	10.28
115,6	**Bleicherode Ost** 664 an	1.22		...	...	...	4.49	...	5.34		...	6.49	8.11	...		...	...	10.33
	ab	1.23		...	...	...	4.50	...	5.35		...	6.50	8.15	...		...	...	10.34
119,1	Gebra (Hainleite)	1.27		...	...	...	4.54	...	5.39		...	6.54	8.19	...		...	...	10.38
124,1	Sollstedt ✕	1.33		...	...	...	5.00	...	5.45		...	7.00	8.25	...		...	...	10.44
127,8	Bernterode ✕	1.37		...	...	...	5.05	...	5.50	...	...	7.05	8.30	...		...	...	10.49
133,1	Niederorschel ✕	1.43		...	...	...	5.11	...	5.56		...	7.11	8.36	...		...	...	10.55
135,8	Hausen (u)	1.47		...	...	...	5.15	...	6.00	8974	...	7.15	8.40	...		...	...	10.59
139,6	**Leinefelde** ✕ 645. 665. 666 an	†1.52	2.05	...	...	...	X5.20	...	6.05	🚌1)	...	7.20	8.45	...	9.14	...	...	11.04
	Erfurt Hbf 645 ab	...	...	23.12	...	...	...	...	...	...	...	●4.11	...	...	5.51	...	...	...
	Mühlhausen ab	...	...	0.45	...	...	...	...	...	...	...	6.25	...	...	8.25	...	...	10.28
	Leinefelde an	...	...	1.20	...	...	...	...	...	...	...	7.00	...	...	9.00	...	...	11.03
139,6	**Leinefelde** ✕ 645. 665. 666 ab	...	2.06	2.22	4.22	...	...	5.22	...	6.22	...	7.22	...	...	9.16	...	9.22	11.22
143,4	Beuren	...		2.26	4.26	...	...	5.26	...	6.26	...	7.26	...	...		...	9.26	11.26
146,6	Wingerode (u)	...		2.31	4.31	...	...	5.31	...	6.31	...	7.31	...	...		...	9.31	11.31
148,8	Bodenrode	...		2.35	4.35	...	...	5.35		6.35	...	7.35	...	...		...	9.35	11.35
155,3	**Heiligenstadt** (Eichsf) ✕ an	...	2.20	2.42	4.42	...	...	5.42	8999	6.42	...	7.42	...	...	9.30	...	9.42	11.42
	ab	...	2.21	2.43	X4.47	...	...	5.47	✝3)	6.47	...	7.47	...	...	9.32	...	9.47	11.47
160,0	Uder	...		2.50	4.54	...	...	5.54	...	6.54	...	7.54	...	...		...	9.54	11.54
167,2	Arenshausen ✕	...		3.00	5.04	...	...	6.04	X6.10	7.04	...	8.04	...	...		...	10.04	12.04
170,7	**Eichenbg** BD Hann. an	...		an	X5.09	...	...	6.09	(6.15	7.09	...	8.09	...	...	9.52	...	10.09	12.09
	Eichenberg 500 ab	...	...	...	X5.19	...	...	...	6.19	X7.19	...	...	...	...	...	...	10.19	...
	Bebra DB ab	...	...	...	6.05	...	...	...	705	8.05	...	...	...	...	...	...	11.05	...
	Fulda an	...	...	...	6.42	...	...	...	7.42	8.42	...	...	...	...	...	...	11.45	...
	Eichenberg 250 ab	...	...	...	...	X5.15	...	6.15	...	7.15	...	8.15	...	...	...	...	10.15	12.15
	Göttingen 500 an	...	...	...	...	X5.30	...	6.30	...	7.30	...	8.30	...	...	...	...	10.30	12.30
	Hannover Hbf DB an	...	...	...	...	6.46	...	a7.38	...	8.46	...	a9.25	...	...	...	...	a11.25	a13.25
km	Zug-Nr				8905						8995						8923	
					✝6)					✝6)								
170,7	**Eichenberg** 500 DB ab	...		...	X5.16	...	...	...	(6.16	X7.16	...	8.16	...	...	9.54	...	10.46	12.16
175,9	Witzenh N BD Frankf/M	...		...	5.20	...	...	...	(6.20	(7.20	...	8.22	...	...		...	10.50	12.22
185,2	Hedemünden	...		...	5.28	...	...	...	(6.28	(7.28	...		...	...		...	10.58	
193,6	Hann Münden	...		...	5.35	...	...	...	(6.35	X7.33	X7.38	8.35	...	...	10.13	...	11.05	12.35
203,0	Speele	...		...	5.43	...	...	...	(6.43	an	)7.44		...	...		...	11.13	12.43
217,8	**Kassel** Hbf an	...	3.17	...	X5.58	...	...	...	X6.58	...	X7.58	8.52	...	...	10.35	...	11.28	12.55

■ X außer ⑥, nicht am 31. X. 24. u 31. XII.
⬭ Zug führt Gepäckabteil
⬭1) nur †
⬭2) nur ⊡

❶ nach Saalfeld
❷ von Vitzenburg
❸ nach Erfurt
♦ Bln-Schöneweide
● über Gotha
⧗ Dresden-Neustadt

🚌 8510/E 697 Sangerhausen—Meiningen
🚌1) 4520/8974 Halle—Eichenberg
🚌2) E 850/8978 Halle—Kassel
a ① bis ⑥, nicht 25. XII. bis 1. I., 18. bis 20. IV.
⊡ täglich außer ⑥

✝1) Zwischen Nordhsn u Leinefelde auch am 31.X., nicht am 25., 26.XII., 1.I., 19. und 20. IV.
✝2) nicht am 25. XII. und 1. I.
✝3) auch am 31. X., nicht vom 24. bis 31. XII.
✝4) auch am 31. X., nicht am 25., 26.XII., 1.I., 19. und 20. IV.
✝5) nicht am 31. X.
✝6) auch am 31. X.

Der Fahrplan der Strecke Halle–Kassel 1991/92

Erinnerung an den Lückenschluß der Strecke Halle–Kassel
Foto: Koch

Den ganzen Nachmittag bis in die frühen Abendstunden pendelten der dampflokbespannte Traditionszug und ein VT 628 zwischen Arenshausen und Eichenberg, um Tausenden Menschen die Gelegenheit zu geben, den neuen Eisenbahnübergang zu benutzen. Auf Grenzkontrollen oder Zollkontrollen wurde an diesem Tag auf beiden Seiten verzichtet. In der darauffolgenden Nacht, mit Beginn des Jahresfahrplanes 1990/91, wurde der fahrplanmäßige Verkehr über den neuen Übergang Arenshausen mit fünf Schnellzugpaaren aufgenommen:

D 1050/1051 Nordhausen–Kassel–Nordhausen
D 1056/1057 Nordhausen–Kassel–Nordhausen
D 1052/1053 Leipzig–Kassel–Leipzig
D 1054/1055 Leipzig–Düsseldorf–Leipzig
D 1058/1059 Cottbus–Frankfurt am Main–Cottbus.

Für Güterzüge war der Übergang vorerst nicht zugelassen. Erst ab August 1990 fuhren vereinzelt Güterzüge zwischen der DR und der DB über Arenshausen–Eichenberg. Offiziell für den Güterverkehr geöffnet wurde der Übergang am 1. August 1990, allerdings noch mit der Einschränkung „Nur zugelassen für besonders vereinbarte Ganzzüge".

Am Sonntag, dem 19. August 1990, fuhr als erster der Dg 89645 Merseburg Süd–Kassel Süd mit 88 Achsen und 1 693 t, bestehend aus 22 beladenen Kesselwagen, um 16.52 Uhr über die Noch-Staatsgrenze.

15

Die Zukunft der Strecke

Nach der Wiederaufnahme des durchgängigen Eisenbahnbetriebs auf der Strecke Halle–Kassel überschlugen sich die politischen Ereignisse. Mit der Wirtschafts- und Währungsunion am 1. Juli 1990 erübrigten sich Zollkontrollen an den Grenzen zwischen den beiden deutschen Staaten. Zugleich wurden die nun nicht mehr gebrauchten, aber im Fahrplan vorgesehenen Aufenthalte auf den Grenzbahnhöfen für die Paß- und Zollkontrolle zu einem Hindernis. Deshalb wurde am 30. September 1990 eine Fahrplanänderung notwendig, um diese Zeiten einzusparen.

Mit der Vereinigung beider deutscher Staaten am 3. Oktober 1990 wurde die bisherige Staatsgrenze zwischen Arenshausen und Eichenberg zu einer Grenze der Bundesländer Thüringen und Hessen. An dem Dreiländereck bei Arenshausen/Eichenberg grenzen nun die Bundesländer Thüringen, Hessen und Niedersachsen aneinander.

Was aber blieb, waren zwei getrennte Bahnverwaltungen. Die DR wurde am 3. Oktober 1990 Sondervermögen des Bundes, aber eben ein von dem Sondervermögen DB des Bundes getrenntes. Im Gegensatz zu den beiden Postverwaltungen, die ab 3. Oktober 1990 ein gemeinsames, Deutsche Bundespost firmierendes Sondervermögen bildeten, steht die Vereinigung beider Bahnen noch an. Damit verläuft zwischen Arenshausen und Eichenberg auch die Grenze zwischen den beiden bundeseigenen Bahnverwaltungen DR und DB. Die Strecke Halle–Kassel ist zwar wieder durchgängig, untersteht wie seit 1945 aber zwei unterschiedlichen Bahnverwaltungen.

Betrachten wir zuerst den der Deutschen Bundesbahn gehörenden Abschnitt Eichenberg–Kassel. Mit der Inbetriebnahme der gesamten Neubaustrecke Hannover–Würzburg am 2. Juni 1991 kam es zu wesentlichen Veränderungen. Sämtliche bisher über Bebra und Göttingen verkehrenden IC-Züge entfielen auf der Nord-Süd-Strecke Göttingen–Bebra und wurden über die Neubaustrecke geleitet. Eichenberg wurde nun nicht mehr von den – allerdings durchfahrenden – Inter-City-Zügen berührt. Kassel-Wilhelmshöhe wurde neuer IC- und ICE-Bahnhof. Damit entfielen die Anbindung Kassels an den IC-Bahnhof Göttingen und die InterRegio-Verbindungen zwischen Kassel und Göttingen. Die Bedeutung des Streckenstücks Eichenberg–Kassel wäre damit erheblich gesunken, wenn nicht die neue Ost-West-Verbindung zwischen der DR und der DB gewesen wäre.

Mit dem Fahrplanwechsel am 2. Juni 1991 wurden erste Schritte für einen Taktfahrplan zwischen Halle und Kassel eingeleitet und die Eilzüge zwischen Erfurt und dem Eichsfeld bis nach Eichenberg verlängert.

Am 23. Mai 1993 wurde der InterRegio-Verkehr auf der Strecke aufgenommen, sowohl zwischen Göttingen und Kassel, als auch zwischen Halle und Frankfurt am Main.

Im Zusammenhang mit der Einführung eines flächendeckenden Hausverkehrs im Expreßdienst und im Gepäckverkehr wurden mit Wirkung vom 1. Juni 1992 die dafür vorgesehenen Abfertigungsstellen in Hedemünden und Witzenhausen geschlossen. Damit ist auf dem DB-Teil lediglich in Hann. Münden noch eine Abfertigungsstelle für Gepäck und Expreßgut geöffnet.

Bei der Deutschen Reichsbahn steht die Elektrifizierung des Streckenstücks Halle–Arenshausen–Grenze im Vordergrund. Der Abschnitt Halle (Saale) Hbf–Eisleben mit 26 km Länge wurde am 1. Juni 1991 für den elektrischen Zugverkehr freigegeben. Für diesen Abschnitt mußten 1 434 Fundamente für Fahrleitungsmaste gesetzt, 103,5 km Kettenwerk verbaut und 30,8 km Streckenfernmeldekabel verlegt werden. 745 Stahlmaste wurden mit dem Hubschrauber gesetzt. Die Fahrleitung läßt Geschwindigkeiten bis 160 km/h zu.

Am 14. Dezember 1992 wurde der elektrische Zugverkehr zwischen Halle und Sangerhausen, am 23. Mai 1993 zwischen Halle und Nordhausen aufgenommen.

1994 soll die elektrische Fahrleitung Eichenberg erreicht haben und zwischen Halle und Kassel durchgängiger elektrischer Zugverkehr möglich sein.

Zugleich mit der Elektrifizierung soll das noch eingleisige Streckenstück von Bernterode, Abzweig Deuna, bis Eichenberg zweigleisig werden. Am 3. August 1992 wurde der zweigleisige Betrieb zwischen Arenshausen und Uder, am 19. Mai 1993 zwischen Heiligenstadt und Bodenrode und am 23. Mai 1993 zwischen Uder und Heiligenstadt aufgenommen. Die noch vorhandenen Lücken im zweigleisigen Ausbau der Strecke werden bis zum Mai 1994 geschlossen. Mit dem zweigleisigen Ausbau wird die Linienführung der Trasse verbessert, so daß zunächst eine Streckengeschwindigkeit von 120 km/h zulässig ist. Sie soll später auf 160 km/h erhöht werden. Das setzt allerdings umfangreiche Bauarbeiten voraus. Die Umrüstung auf moderne Stellwerktechnik ist nun für den östlichen Streckenteil in Arbeit. Hier werden nicht die zwischen Eichenberg und Kassel zum Einsatz gekommenen DrS 2- bzw. SpDrS 60-Stellwerke, sondern elektronische rechnergesteuerte Stellwerke (ESTW) eingebaut. 1994 wird in Leinefelde ein solches ESTW der Firma Standard Elektronik Lorenz in Betrieb genommen. Der Steuerbereich umfaßt den Abschnitt von Niederorschel bis Arenshausen, also rund 35 km. Mit diesem Stellwerk werden fünf Fahrdienstleiterstellwerke, vier Wärterstellwerke und zwei Blockstellen eingespart sowie 19 Bahnübergänge überwacht.

Mittlerweile fahren auch fahrplanmäßig Güterzüge auf der gesamten Strecke. Die Einschränkung, daß nur besonders vereinbarte Ganzzüge den Übergang Arenshausen–Eichenberg passieren dürfen, ist 1991 entfallen.

Analog der DB wurde am 1. Juni 1992 auch bei der DR der flächendeckende Hausverkehr im Gepäck- und Expreßgutverkehr eingeführt. Mit Ausnahme der Bahnhöfe Halle (Saale) Hbf, Lutherstadt Eisleben, Sangerhausen und Nordhausen wurden zu diesem Zeitpunkt alle anderen Abfertigungsstellen geschlossen.

Im Rahmen der Verkehrsprojekte Deutsche Einheit wurden und werden für den Ausbau der Strecke Halle–Kassel 280 Millionen DM bereitgestellt, die zum größten Teil für den Reichsbahnteil der Strecke verwendet werden.

Alle diese Vorhaben machen deutlich: Die Strecke Halle–Kassel wird wieder eine leistungsfähige Ost-West-Magistrale.

16

Bahnpostdienste

Der Ausbau des Eisenbahnnetzes führte dazu, daß das Pferdewechselrecht der Post immer wertloser wurde. Innerhalb kurzer Zeit eroberten die Eisenbahnen den Güter- und Personenverkehr. Das neue Verkehrsmittel gestaltete das bisherige Postkursnetz völlig um. Die Reiseposten-Personenposten, die Schnellposten und die Extraposten verloren an Bedeutung. Es galt deshalb, das Verhältnis der Post und der Eisenbahnen neu zu bestimmen. In Preußen geschah dies auf der Grundlage des Gesetzes über die Eisenbahnunternehmungen (Eisenbahngesetz) vom 3. November 1838. Der Paragraph 36 besagte: „Die aus dem Postregale entspringenden Vorrechte des Staates, an festgesetzten Tagen und zwischen bestimmten Orten Personen und Sachen zu befördern, gehen, soweit es für den Betrieb der Eisenbahn nötig ist, die in jedem Regale enthaltene Ausschließung des Privatgewerbes aufzugeben, auf dieselben über, wobei der Postverwaltung die Berechtigung vorbehalten bleibt, die Eisenbahnen zur Beförderung von postmäßigen Versendungen zu benutzen."

Die Benutzung der Eisenbahnen für die Zwecke der Post begann 1839 auf der am 29. Oktober 1838 eröffneten Strecke Berlin–Potsdam und wurde später auf alle Eisenbahnen ausgedehnt.

Die Entwicklung der Postbeförderung führte am 1. Mai 1849 zur Bildung von sog. Speditionsämtern, die den Postdienst auf den Eisenbahnen zu leiten und zu beaufsichtigen hatten. Im preußischen Postgebiet wurden zunächst acht solcher Speditionsämter, darunter das Speditionsamt VI in Halle (Saale), eingerichtet. Dieses übernahm, mittlerweile als Eisenbahnpostamt 6 firmierend, auch den Postdienst auf der am 10. Juli 1866 in Betrieb gegangenen Strecke Halle–Nordhausen. Das Bahnpostamt siedelte mit Inkrafttreten der Verfassung des Norddeutschen Bundes am 1. Juli 1867 nach Eisenach über, dem bisherigen Sitz der Thurn und Taxisschen Postdirektion, die das Gebiet der thüringischen Staaten räumen mußte.

Den Postdienst auf der mittlerweile bis Arenshausen eröffneten Eisenbahnstrecke übernahm die Zweigstelle Halle des Bahnpostamts 2 in Berlin, die auch die Anschlußstrecke Arenshausen–Göttingen betreute. Die Bahnpost führte den Kursstempel Halle–Göttingen. Auf der Route bis Arenshausen verkehrten zwei durchgehende Zugpaare, die von Eisenbahn-Post-Bureaus begleitet wurden. Neben den üblichen Kartenschlüssen (Versand von Postgut in separaten Postsäcken) hatten diese in Sangerhausen, Roßla, Nordhausen, Bleicherode, nach Eröffnung des Bahnhofs Sollstedt auch hier, Gernrode, Leinefelde, Heiligenstadt und Arenshausen auch solche für die anschließenden Personenposten zu übergeben. Die Linie wurde mit der Inbetriebnahme der Gesamtstrecke bis Kassel erweitert. Das Eisenbahn-Post-Bureau Halle übernahm vom Tage der Eröffnung an den Postdienst bis Hann. Münden und ab 24. April 1872 auch von Hann. Münden bis Kassel.

Am 30. Juni 1872 wurde in Halle das neue Bahnpostamt 29 geschaffen, das vom Eisenbahn-Post-Bureau der Bahnhofspostexpedition Halle den Postdienst auf der Eisenbahnstrecke Halle–Kassel übernahm.

Die Eröffnung der Eisenbahnstrecke zog die Einstellung der entsprechenden Personenposten nach sich.

Von ursprünglich zwei Zugpaaren erhöhte sich schrittweise die Zahl der Züge, die Bahnpost führten. Nach dem Postbericht des Postamts Nordhausen vom Sommer 1876 verkehrten zwischen Halle und Kassel in jeder Richtung zwei durchgehende Züge mit Postbeförderung, dazu noch in jeder Richtung je ein Zug zwischen Nordhausen und Kassel.

Mit der Fertigstellung der Gesamtstrecke wurde der Postkurs Halle–Göttingen eingestellt und an dessen Stelle das Eisenbahn-Post-Bureau Halle–Kassel eingerichtet.

Im Laufe der Entwicklung wurden auch die Durchgangszüge, die vor bzw. hinter den Endpunkten Halle und Kassel begannen und endeten, für die Bahnpostbeförderung genutzt und zwischen Berlin und Kassel und umgekehrt vom Bahnpostamt 2 Berlin begleitet. Das war unter anderem bei den Zugpaaren D 72/73 und D 80/79 der Fall, aber auch bei dem um 1890 auf der Strecke Nordhausen–Arenshausen verkehrenden Zugpaar D 54/53 Berlin Potsdamer Bahnhof–Frankfurt am Main und zurück.

Die in Berlin Anhalter Bahnhof beginnenden und mit Bahnpost besetzten Zugpaare (z. B. D 52/51) nach Frankfurt am Main fuhren ebenfalls über unsere Strecke wie auch das von Bahnposten des Bahnpostamts 2 Berlin begleitete Zugpaar D 104/103 Berlin–Kassel–Berlin. Die zwischen Halle und Kassel verkehrenden Zugpaare P 571/572, P 573/574, P 575/576, P 577/578 wurden von Bahnposten des Bahnpostamts 29 begleitet.

Das Bahnpostamt 32 Leipzig begleitete ebenfalls Züge mit Bahnpost auf der Strecke Halle–Kassel. Es richtete ab 1. Mai 1899 zur Entlastung der Bahnpost Leipzig–Eisenach–Frankfurt am Main und zur Einsparung von Beiwagenkosten auf der Strecke Leipzig–Halle–Kassel in den Zügen P 486/460 zusätzlich eine Schaffnerbahnpost ohne Umarbeiten von Briefen ein.

Am 1. Mai 1904 wurde diese Schaffnerbahnpost (so bezeichnet, weil in weniger wichtigen Zügen Postschaffnern die selbständige Bearbeitung von gewöhnlichen und eingeschriebenen Briefen übertragen wurde) in eine Beamtenbahnpost umgewandelt. Damit war ein Stand des Bahnpostbetriebs erreicht, der bis zum Ausbruch des zweiten Weltkriegs nahezu unverändert erhalten blieb. Lediglich im Mai 1938 kam es noch einmal zu einer Erweiterung. Der Zug 190 Leipzig–Holzminden, der seit dem Winterfahrplan 1926 über die Thüringer Strecke Erfurt–Kassel geleitet wurde, mußte wegen Überlastung geteilt werden. Es wurde ein neues Zugpaar über Halle–Nordhausen–Northeim–Altenbeken nach Düsseldorf und zurück gebildet. In diesen Zügen verkehrten die Bahnposten 32 Leipzig–Paderborn im Zug 290 und Northeim–Leipzig im Zug 289.

Nach dem zweiten Weltkrieg wurde der Bahnpostdienst neu organisiert. Auf der Strecke Halle–Kassel nahm das Bahnpostamt 29 Halle am 2. September 1945 den Bahnpostdienst wieder auf, wegen der Demarkationslinie jedoch nur zwischen Halle und Arenshausen. Der Bahnpoststempel Halle–Kassel ist jedoch noch bis 1951 verwendet worden. Ab diesem Zeitpunkt ist der Stempel Halle–Arenshausen und ab 1953 der des Bahnpostkurses Halle–Leinefelde in Gebrauch.

Ende 1959 verkehrten zwischen Halle und Arenshausen noch zwei Allesbahnposten (Bahnposten und Postbeförderung in geschlossenen Bahnpostwagen, Güterwagen oder Postabteilen mit Umarbeitung von Postsendungen aller Art) in den Zügen P 592 und P 568 in den Morgenstunden und eine Allesbahnpost zwischen Arenshausen und Halle im P 573 an Sonn- und Feiertagen bzw. werktags in den Zügen P 575 und P 571 zwischen Arenshausen und Nordhausen. Diese Bahnposten wurden vom Bahnpostamt 29 Halle betrieben. Eine Allesbahnpost des Bahnpostamts 6 Eisenach verkehrte im P 585 zwischen Arenshausen und Nordhausen. Dieses Bahnpostamt betrieb zwischen Nordhausen und Arenshausen im P 592 noch eine Päckereibahnpost, der die Umarbeitung von Paketen, Päckchen und Zeitungen sowie die Beförderung von Kartenschlüssen aller Art nach Vereinbarung oblag. Für dieses Bahnpostamt wurden im Zug P 568 zwischen Nordhausen und Bleicherode Ost Kartenschlüsse, Pakete und Zeitungen durch das Ladepersonal der Deutschen Reichsbahn im Gepäckwagen befördert.

Anfang der sechziger Jahre verlagerte sich die Postbeförderung weitestgehend von der Schiene auf die Straße. Im Jahre 1964 verkehrte lediglich noch die Allesbahnpost des Bahnpostamts 29 Halle im P 592, allerdings nur bis Leinefelde. Postaustausch mit dieser Allesbahnpost fand in Eisleben, Sangerhausen, Nordhausen, Bleicherode Ost und Leinefelde statt. Die Kartenschlüsse und Zeitungen wurden bis Arenshausen durch Eisenbahnpersonal in Gepäckwagen weiterbefördert. Das war auch der Fall zwischen Nordhausen und Leinefelde im P 568, da die Allesbahnpost dieses Zuges in Nordhausen endete. In der Gegenrichtung wurde die Post entweder durch Eisenbahnpersonal oder als Transportbahnpost befördert, d. h. in geschlossenen Bahnpostwagen, Güterwagen oder Postabteilen ohne Besetzung.

Ab Winterfahrplan 1965/66 verkehrte nur noch eine Allesbahnpost 29 Halle–Nordhausen–Halle, die mit Ablauf des Sommerfahrplans 1968 eingestellt wurde. Mit dem Beginn des Winterfahrplanes 1968/69 wurde die Strecke Halle–Arenshausen nur noch zur Beförderung von Postsendungen durch das Eisenbahnpersonal genutzt.

Im Zuge der Einsparung von Dieselkraftstoff kam es nach 1980 zu einer teilweisen Rückverlagerung der Postbeförderung von der Straße auf die Schiene. Am 15. März 1982 wurde zwischen Halle und Nordhausen im P 4520 eine Allesbahnpost eingerichtet. Sie fand im Sommerfahrplan 1982 sonntags eine Ergänzung. Im P 4555 war zwischen Nordhausen und Sangerhausen eine Transportbahnpost eingerichtet worden, die von Sangerhausen bis Halle als Päckereibahnpost betrieben wurde. Eine Ladebahnpost (die Beförderung von Kartenschlüssen, Kleingutsendungen und Presseerzeugnissen durch Ladepersonal der Deutschen Reichsbahn in Gepäckwagen) verkehrte vom Jahresfahrplan 1983/84 bis zum Jahresfahrplan 1987/88 zwischen Nordhausen und Bleicherode Ost.

Erwähnt werden müssen auch die Bahnposten, die die Strecke mitbenutzten. In den fünfziger bis Anfang der sechziger Jahre existierte die Bahnpost 6 Erfurt–Arenshausen über Nordhausen, die auf der Strecke Nordhausen–Arenshausen im P 592 und zurück im P 585 eingerichtet wurde. Auch zwischen Nordhausen–Bleicherode Ost–Zwinge verkehrten Bahnposten, die 1972 eingestellt wurden.

Damit hat die Postbeförderung, abgesehen von der vereinzelten Beförderung von Kartenschlüssen durch das Zugbegleitpersonal und die gelegentliche Postwagenbeförderung, auf der Strecke ihr Ende gefunden.

Auf dem westlichen Streckenstück Eichenberg–Kassel wurde die Postbeförderung nach der Zonengrenzziehung am 25. Juni 1945 wiederaufgenommen. Sie erfolgte von Hannover aus über Göttingen–Eichenberg–Hann. Münden nach Kassel, zuerst als Postsachenbeförderung im Eisenbahnabteil, ab 11. Juli 1945 schon mit voller

Umarbeitung im Bahnpostwagen. Bemerkenswert war immerhin, daß es sich um eine durchgehende Bahnpostbeförderung zwischen der britischen und der amerikanischen Besatzungszone handelte. Denn der Postaustausch, der bis dahin nur innerhalb der einzelnen Besatzungszonen zulässig war, wurde erst ab 25. Oktober 1945 auf alle vier Besatzungszonen ausgedehnt. Ab diesem Zeitpunkt gab es dann auch in Eichenberg per Bahnpost Postaustausch.

Im Mai 1949, nach der Wiedererrichtung der 1945 zerstörten Eisenbahnbrücke aber die Werra in Hann. Münden, wurde die Bahnpostbeförderung auf der Strecke Göttingen–Dransfeld–Hann. Münden–Kassel wiederaufgenommen. Der Bahnpostdienst auf dieser Strecke, der von Göttingen aus betrieben wurde, mußte allerdings bald wieder eingestellt werden.

Sowohl die zwischen Hannover und Kassel über Eichenberg als auch die zwischen Göttingen und Kassel über Dransfeld verkehrenden Bahnposten unterstanden dem Bahnpostamt 16 in Hannover, dem heutigen Postamt Hannover 3. Am 25. Mai 1983 wurde die bisher selbständige Bahnpostdienststelle Kassel als Außenstelle dem Postamt Hannover 3 eingegliedert. Erst ab diesem Zeitpunkt wurde auch Kasseler Bahnpostpersonal zwischen Hannover und Kassel eingesetzt, doch nicht lange, denn Mitte der achtziger Jahre wurde der Bahnpostdienst zur Versorgung der Anliegerorte des westlichen Streckenteils Eichenberg–Kassel eingestellt. Heute verkehren lediglich Bahnposten Hannover–Kassel–Frankfurt am Main in D-Zügen bzw. in reinen Postzügen. Die Anliegerorte der Strecke Eichenberg–Kassel werden durch Kraftfahrposten von Kassel und teilweise von Göttingen und Kreiensen aus versorgt. Seitdem die Durchgängigkeit der Strecke wiederhergestellt ist, gibt es zwischen Halle und Kassel wieder Bahnpostverkehr, allerdings nur in Post- oder Güterwagen, ohne jeglichen Postaustausch und ohne Bahnpostpersonal.

Literaturverzeichnis

- Amtliches Bahnhofsverzeichnis der Deutschen Reichsbahn und der deutschen Privatbahnen 1926. Zusammengestellt vom Eisenbahn-Zentralamt, Berlin 1926
- Amtsblatt der Königlichen Eisenbahndirektion (Eisenbahndirektion, Reichsbahndirektion, Bundesbahndirektion) Cassel (später Kassel) 1895–1974
- Amtsblatt der Königlichen Eisenbahndirektion (Eisenbahndirektion, Reichsbahndirektion) Halle (Saale), 1900–1950,
- Amtsblatt der Bundesbahndirektion Frankfurt am Main, 1974–1990
- Amtsblatt der Reichsbahndirektion Erfurt, 1945–1950
- Berger, Manfred: Historische Bahnhofsbauten III. Bayern, Baden, Württemberg, Pfalz, Nassau, Hessen. – Berlin, 1988
- Böttcher, Karl: Nordhausen während des deutsch-französischen Krieges im Jahre 1870 nebst den wichtigsten Denkwürdigkeiten vom Kriegsschauplatze. – Nordhausen, 1870/71
- Clauß, Kristina: Die Entwicklung der Eisenbahn im Raum Hannoversch Münden. Schulabschlußarbeit 1971
- Dettmar, Werner: Die Zerstörung Kassels im Oktober 1943. Eine Dokumentation. – Kassel, 1983
- Die Bundesbahndirektion Kassel. Sonderdruck. – In: Die Bundesbahn 31 (1957) Heft 6
- Die hannoversche Südbahn, die Halle-Nordhäuser-, Gotha-Mühlhäuser- und Hahle-Ruhme-Verbindungsbahnen. Denkschrift und Beitrag in Bezug auf deren Bau und Vereinigung. – Göttingen 1848
- Engelmann, Hugo: Die wirtschaftliche Entwicklung des Kreises Worbis (Eichsfeld). – Halle (Saale), 1905
- Farke, Herbert: Die Verkehrsverhältnisse des Eichsfeldes in ihrer geographischen Bedingtheit. Inauguraldissertation. – Bielefeld, 1928
- Fricke, Hans-Joachim und Hans-Joachim Ritzau: Die innerdeutsche Grenze und der Schienenverkehr. – Pürgen, 1990
- Godehardt, Helmut und Maria Kramann: Projektierung, Bau und Eröffnung der Eisenbahnlinie Nordhausen–Arenshausen. – In: Eichsfelder Heimathefte 7 (1967) S. 144–158, 205–221
- Haas: Aus den Gründerjahren der deutschen Eisenbahngeschichte (Berlin-Frankfurter Eisenbahnprojekt und Berlin-Wetzlarer Bahn 1877–1880). – In: Die Reichsbahn 17 (1941) S. 84–88
- Hager, Bernhard: Die Entwicklung der Eisenbahnverbindungen zwischen den preußischen Ost- und Westprovinzen bis 1866. – In: Jahrbuch für Eisenbahngeschichte 22 (1990) S. 23–84
- Hoffmann, Paul: Einhundert Jahre deutsches Bahnpostwesen in Mitteldeutschland. Bericht Nr. 32. – Herausgegeben von der Landeskommission Philatelie. – Halle, 1950
- Janek, Uwe und Peter Waack: Das Bw Röblingen. – In: Modelleisenbahner 32 (1984) H. 11, S. 12–15
- Klotz, Günter und Uwe Bredthauer: Die Bauwerke für die neuen Bahnanlagen in Kassel. – In: Die Bundesbahn 55 (1991) H. 7/8, S. 781–794
- Klee, Wolfgang: Preußische Eisenbahngeschichte. – Stuttgart/Berlin/Köln/Mainz, 1982
- Königliche Eisenbahn-Direction Frankfurt a. Main. Expeditionsdienst. Verfügungen 1880 bis 1882
- Körting, Herbert: Eisenbahnen und Postwesen in Thüringen. – In: Archiv für deutsche Postgeschichte (1988) H. 1 S. 5–102
- Koch, Wolfgang, Werner Keller und Paul Lauerwald: Bahnhof Eichenberg, Glanz, Fall und Wiederaufstieg eines Eisenbahn-Knotenpunktes. – Hessisch Lichtenau, 1990
- Kutschik, Dietrich: Lokomotiven von Borsig. Eine Darstellung der Lokomotivgeschichte der Firma A. Borsig und der Nachfolgefirmen. – Berlin, 1985
- Lauerwald, Paul: Die Eisenbahn im Eichsfeld. Zur Geschichte eines Verkehrsmittels in unserer

Heimat. – Heilbad Heiligenstadt, 1988
- Lauerwald, Paul: Erster Lückenschluß im deutsch-deutschen Schienennetz. Die Strecke Halle–Kassel ist wieder durchgängig befahrbar. – In: Eichsfelder Heimathefte 30 (1990) S. 174–176
- Lauerwald, Paul: Geschichte, Gegenwart und Zukunft der Eisenbahnstrecke Halle–Kassel. Ein Überblick. Festschrift. – Herausgegeben von der DR, Rbd Erfurt, 1990
- Lauerwald, Paul: Geschichte und Entwicklung der Eisenbahnstrecke Nordhausen–Arenshausen. Sonderausgabe 1989 der Eichsfelder Heimathefte
- Lauerwald, Paul: Per Zug ins Obereichsfeld. Die Strecken Halle–Kassel und Göttingen–Heiligenstadt. – In: Jahresblätter für Göttingen und das Eichsfeld 14 (1991) S. 33–40
- Maile, Wolfgang und Wilhelm Feldt: Lückenschlußmaßnahmen DB/DR. Betriebliche Infrastrukturplanung. – In: Die Bundesbahn 55 (1991) H. 7/8, S. 741–752
- von Mayer, Arthur: Geschichte und Geographie der deutschen Eisenbahnen von 1835 bis 1890. transpress-Reprint. – Berlin, 1984
- Mitteilungsblatt der Deutschen Reichsbahn 1950–1955
- Neumann, Peter: 150 Jahre Eisenbahnen in Halle (S.). 100 Jahre Hauptbahnhof Halle (S.). – Halle, 1990
- von Pezold, Johann Dietrich: Münden im 19. Jahrhundert. Verkehrsverhältnisse – äußeres Erscheinungsbild – Bevölkerung. – Münden, 1980
- Pfeiffer, Herbert: Die Verkehrserschließung des hannoverschen Eichsfeldes durch die Eisenbahn im 19. Jahrhundert. Eisenbahngeschichte 1. Eisenbahnclub Eichsfeld e. V. – Duderstadt, o. J.
- Reichsbahndirektion Kassel (Hrsg): Die Friedrich-Wilhelms-Nordbahn. Zur 100jährigen Wiederkehr der Betriebseröffnung der ersten kurhessischen Eisenbahn am 30. März 1948. – Kassel 1948
- Reinhard-Hormuth, Ludwig: Chronik der Stadt und des Post-Amtes Nordhausen mit besonderer Berücksichtigung der Verkehrs-Verhältnisse des Ortes. – Nordhausen, 1876
- Roßberg, Ralf Roman: Grenze über deutschen Schienen. – Freiburg i. Br., 1980
- Schenk, Gerd und Klaus Weibrich: Offene Grenzen zwischen Ost und West. Betriebliche Infrastrukturplanung für den Fernverkehr. – In: Die Bundesbahn 54 (1990) H. 7, S. 697–702
- Schmidt, W. : Die Handelskammer zu Nordhausen 1859–1909. Festschrift aus Anlaß des 50jährigen Bestehens der Kammer. – Nordhausen, 1909
- Schüler, Paul: Die Entwicklung des Eisenbahnnetzes und -verkehrs im Reichsbahndirektionsbezirk Halle bis zum Jahre 1894, Inauguraldissertation. – Halle-Wittenberg, 1925
- Schultz, Alfred und Rolf Epstein: Erster Lückenschluß im deutsch-deutschen Eisenbahnverkehr. – In: Die Bundesbahn 54 (1990) H. 7, S. 703–704
- Siebert, B. : Uder und seine Geschichte. Ein Beitrag zur politischen und wirtschaftlichen Geschichte des Eichsfeldes. – Heiligenstadt, 1938
- Spieß, Peter und Peter-Götz Kienast: Ost-West-Verkehr: Infrastruktur Schiene. Vision, Verkehrswegeplanung, erste Maßnahmen. – In: Die Bundesbahn 54 (1990) H. 12, S. 1209–1214
- Stierl, Manfred: Signaltechnik der DB auf dem Bahnhof Arenshausen (DR). – In: Eisenbahnpraxis 34 (1990) H. 5, S. 175–179
- Träbert, Rudolf: Der Schienenweg zwischen Gestern und Morgen. – In: Die Bundesbahn 36 (1962) H. 21/22, S. 913–920
- Traußnig, Hermann u. a. : Die Entwicklung des Eisenbahnwesens im Kreis Sangerhausen von den Anfängen bis 1945. Manuskript. – Sangerhausen, 1963
- Vorbereitungsgruppe 100 Jahre Halle (Saale) Hbf (Hrsg.): 100 Jahre Hauptbahnhof Halle a. S. 1890–1990. – o. O., o. J.
- Wiederaufbau im Reichsbahndirektionsbezirk Erfurt vom Mai 1945 bis November 1945. Manuskript. 1945